U0107865

数 据 分 析

——面向论坛的网络内容分析报告(2014)

饶 元 李 星 韩 梅 陆淑敏 编著

科 学 出 版 社

北 京

内 容 简 介

在WEB2.0技术与应用不断深化以及移动应用不断产生的新时代，互联网已演化成为社会民意与民声的重要来源。利用互联网中用户所产生的各种数据来进行社会舆情分析，已成为当前的一个重要的信息检索与情报获取的研究方向。人们深刻地认识到，网络信息不仅具有研究与应用价值，同时也是保证一个国家或企业安全的重要基础，也具有重要的战略意义与社会经济价值。本书从网络文本信息提取与数据分析和挖掘的角度，对十八届三中全会前后的中国广大民众在国家发展过程中在社会经济发展、政治体制改革、民生、军事等几个关键领域中的网络民意进行了初步的分析。期望通过这些相关的分析，反映出在一些关键的热点事件以及人们在事件的讨论过程中所折射出来的民意，并希望为相关的机构与部门提供一些辅助的信息决策参考。

本书可供社会计算与分析学科、公共政策分析、文本数据统计与挖掘分析的相关专业人员参考使用。

图书在版编目(CIP)数据

数据分析：面向论坛的网络内容分析报告.2014/饶元等编著.—北京：科学出版社，2014.11
ISBN 978-7-03-042341-2
Ⅰ.①数… Ⅱ.①饶… Ⅲ.①统计数据—统计分析—研究报告—中国—2014 Ⅳ.①O212.1
中国版本图书馆CIP数据核字(2014)第252427号

责任编辑：祝 洁 杨向萍/责任校对：刘小梅
责任印制：肖 兴/封面设计：陈 敬 王 浩

科学出版社 出版
北京东黄城根北街16号
邮政编码：100717
http://www.sciencep.com
双青印刷厂印刷
科学出版社发行 各地新华书店经销
*
2014年11月第 一 版 开本：720×1000 1/16
2014年11月第一次印刷 印张：12 1/2
字数：250 000
定价：68.00元
(如有印装质量问题，我社负责调换)

前言

随着网络技术与应用的快速发展，人们越来越多地将网络作为工作与生活的一种延伸或补充。通过网络，不仅可以完成工作过程中需要及时完成的业务，查询检索与业务相关的各类信息内容，同时也可以将自己对工作以及社会生活中的见解与评价发布到网络之中，从而使得网络从一个单纯的信息获取来源，转化成为一种新型的媒体资源。特别是在 WEB2.0 技术与应用不断深化以及各种新兴移动应用不断产生的新时代，互联网已演化成为社会民意与民声的重要来源。利用互联网中用户所产生的各种数据来进行社会舆情的分析，已成为当前一个重要的信息检索与情报获取的研究方向。美国斯诺登曝光的“棱镜门”事件，使人们深刻地认识到，网络信息不仅具有研究与应用价值，同时也是保证企业或国家安全的重要基础，具有重要的战略意义与社会经济价值。

因此，西安交通大学软件学院社会智能与复杂数据处理实验室自 2012 年成立起，便开始关注此领域的研究与发展，并于 2013 年元月首次发布了《党的十八大相关社会舆情分析报告》，目标是对党的十八大前后全国范围内的社会民意与民声进行分析，期望可以为相关的机构与部门提供一些辅助的信息决策参考。在此基础上，本书特别对十八届三中全会前后的中国广大民众在国家发展过程中，在社会经济发展、政治体制改革、民生、军事等几个关键领域中的网络民意进行分析。期望通过这些相关的分析，找到一些关键的事件以及人们在事件讨论过程中所折射出来的民意。因此，这一次的舆情分析报告中我们选择了网络中经典的民意数据来源——论坛。

电子公告牌系统（Bulletin Board System，即 BBS）是建立在互联网上，面向社会各界公众开放的信息分享平台。用户利用该平台发布消息并参与讨论，不仅可以发表个人看法，还可以获取信息、交流感情。与传统的传播媒介相比，BBS 具有很强的开放性和互动性，用户只需要注册 ID（账号），就可以通过发表帖子的方式来表达自己的观点并参与讨论。同时，这种观点的表达具有匿名性质，因此论坛的言论一般大胆、坦率、贴近真实的生活，最能表达广大草根网民真实的观点。特别是随着微博、微信等新的网络工具的发展与演化，BBS 的用户构成与初期相比已发生了许多变化：一方面用户的发帖数量已稳定在一定的数据范围内；另一方面 BBS 的用户参与度以及影响深入的帖子的数量与质量也趋于稳定。但是由于平台准入的门槛较低，BBS 仍然是目前众多草根网民关注与参与社会活动的一种重要方式，因此也成为我们研究的特定数据来源。

本书得到了众多热心人士的支持帮助，西安交通大学软件学院的领导与老师曾经提供了大量的技术、业务分析以及数据处理的相关建议，在此一并道谢。特别需要感谢的是西安交通大学软件学院社会智能与复杂数据处理实验室的所有老师以及研究生。通过一年持续的研究与实践，探索了从简单的数据处理到集成的舆情分析平台的设计与开发实现，这些工作为后续不断地深入研究与实践提供了大量的技术与人才储备，这是本书所产生的另外一个重要的“成果”。这一系列的“成果”已成为我们实验室最核心、最宝贵的资产与精神财富。

李星、韩梅两位同学参与了全部书稿的整理，并负责针对内容的指标定义与数据的分析；李强同学对十八大报告和十八届三中全会报告进行了初步的高频词的统计与分析；孙秋年与田玛丽同学采用了一些可视化的工具进行分析；黄上榕、黄文杰、李昕娟和吴飞龙等硕士研究生提供了相关的技术支持。特别邀请到西安交通大学政治学系陆淑敏博士对书稿中的内容进行了审核。相信在未来，通过所有人员的共同努力，能够为更多的网民、企业以及政府机构提供越来越深入、越来越有价值的文本挖掘与信息分析成果。同时，也希望本书的面世，能够建立一个向同行专家学习和交流的新平台。在此平台上，一方面可以不断提高我们的专业分析水平，另一方面可以促进更多的专业协同与合作共享。

特别说明的是，本书的目的在于研究如何利用信息技术与软件工具对网络中的信息进行分析与文本数据的挖掘，也期望利用技术来解决实际中的一些问题。为了保证数据来源的真实性与客观性，书中涉及部分网民的“真实的”网名，在此特别声明，我们仅仅为了表明研究过程中的客观性，并没有其他的用意。

由于作者的技术水平以及分析能力的限制，本书尚有进一步提升的空间，谨希望以此来“抛砖引玉”，也希望同行的学者专家不吝赐教。希望未来十年，我们可以利用系列报告的方式来不断地提升我们的研究、分析水平与能力，以及提高内容与信息挖掘的使用价值，为更多人提供专业的信息与知识服务。

本书得到了国家科技部“火炬计划”（2012GH571817）、国家社科基金重大项目“基于多学科理解的社会网络分析模型研究——虚拟 Web 网络空间中的社会网络模型与个体行为机制研究”（13&ZD177）、陕西省科技攻关项目（2012K11-18、2013K06-20）、西安市科技项目（CX12178（3））、榆林市科技项目（2012CXY3-2），以及中央高校“科研基金”（08143003）等项目的支持，在此一并表示衷心的感谢。

目　录

第1章　面向论坛的舆情分析背景

1.1　十八届三中全会相关内容简介

在党的十八大召开一年后，中国共产党第十八届中央委员会第三次全体会议（简称十八届三中全会），于2013年11月9日至12日在北京举行。这次会议是继十一届三中全会开启改革开放“大门”后，中国改革开放事业又一次全局意义上的战略性调整，其深远影响主要体现在制度变革和体制创新上。十八届三中全会审议通过的《中共中央关于全面深化改革若干重大问题的决定》，在一些基本制度和理论问题上取得了新的突破。例如，首次提出市场在资源配置中的“决定性作用”；更加明确强调了公有制经济和非公有制经济的同等重要性；提出“完善产权保护制度”，特别提出了“赋予农民更多财产权利”；提出“推进国家治理体系与治理能力现代化”；建立全国和地方资产负债表制度、自然资源资产负债表制度、股票发行注册制度、权力清单制度、官邸制、涉法涉诉信访依法终结制度等。

全会通过的《中共中央关于全面深化改革若干重大问题的决定》中指出，将在经济体制、政治体制、社会体制、文化体制、生态文明等多个领域进行深入地改革实践。每一个关键的领域都将围绕特定改革重点来全面深化改革。其中，经济体制改革领域全面深化改革的核心问题是如何处理好政府和市场的关系，使市场在资源配置中起决定性作用以及更好地发挥政府作用；同时，坚持和完善基本经济制度，加快完善现代市场体系、宏观调控体系、开放型经济体系，加快转变经济发展方式，加快建设创新型国家，推动经济更有效率、更加公平、更可持续发展；并以经济建设为中心，发挥经济体制改革的牵引作用，推动生产关系同生产力、上层建筑同经济基础相适应，推动经济社会持续健康发展。

在政治体制领域的改革，中央成立全面深化改革领导小组，负责改革总体设计、统筹协调、整体推进、督促落实；设立国家安全委员会，完善国家安全体制和国家安全战略，确保国家安全；围绕提高科学执政、民主执政、依法执政水平，深化党的建设制度改革，加强民主集中制建设，完善党的领导体制和执政方式，保持党的先进性和纯洁性，为改革开放和社会主义现代化建设提供坚强的政治保障。

在文化体制领域的改革，将围绕建设社会主义核心价值体系、社会主义文化强国，深化文化体制改革，加快完善文化管理体制和文化生产经营机制，建立健全现代公共文化服务体系、现代文化市场体系，推动社会主义文化大发展大繁荣；完善文化管理体制，建立健全现代文化市场体系，构建现代公共文化服务体系，提高文化开放水平。

在社会体制领域的改革，将以完善和发展中国特色社会主义制度，推进国家治理体系和治理能力现代化为目标。围绕更好地保障和改善民生、促进社会公平正义、深化社会体制改革，改革收入分配制度，推进社会领域制度创新，推进基本公共服务均等化，加快形成科学有效的社会治理体制，确保社会既充满活力又和谐有序。

在生态文明体制领域的改革，将围绕着建设美丽中国深化生态文明体制改革，加快建立生态文明制度，建立国土空间开发、资源节约利用、生态环境保护的体制机制，推动形成人与自然和谐发展现代化建设新格局；建设生态文明，必须建立系统完整的生态文明制度体系，用制度保护生态环境。健全自然资源资产产权制度和用途管制制度，划定生态保护红线，实行资源有偿使用制度和生态补偿制度，改革生态环境保护管理体制。

这一系列的新改革措施，不仅是改革开放35年来“道路自信”、“理论自信”的实践和创新的结果，更将是新时期“完善和发展中国特色社会主义制度”跃升至“制度自信”新境界的现实来源和指导纲领，从而进一步丰富和完善了社会主义理论，对个人、社会、国家和世界都会产生深远的影响。

因此，本书希望立足中国网民的真实声音，来反映2013年这一年，人们对社会、经济、民生等众多领域中的一些关键的热点网络事件的看法、评价以及网络情绪的变化，希望借助于软件技术对网络民情、民意进行深入的梳理和挖掘，对社会舆情的演化过程获得更加有意义的第一手的分析资料。在此基础上，可不断利用和强化文本挖掘与实时数据流分析等相关技术，建立一个完整的社会舆情分析体系。

1.2 舆情基础理论

舆情是“舆论情况”的简称，是指在一定的社会空间内，围绕中介性社会事件的发生、发展和变化，作为主体的民众对作为客体的社会管理者及政治取向产生和持有的社会政治态度。它是较多群众关于社会中各种现象、问题所表达信念、态度、意见和情绪等表现的总和。

1.2.1　舆情的定义

从传统的社会学理论上讲，舆情本身是民意理论中的一个概念，它是民意的一种综合反映。从现代舆情理论的严格意义上讲，舆情本身并不是对民意规律的简单概括，而是对“民意及其作用于执政者及其政治取向规律”的一种描述。因此，《新华字典》将“舆情”解释为“群众的意见和态度”，而《辞源》则将“舆情”解释为“民众的意愿”。王来华教授（2003）在《舆情研究概论》一书中将舆情定义为：在一定的社会空间内，围绕中介性社会事项的发生、发展和变化，作为主体的民众对客体的国家管理者所产生和持有的社会政治态度。简而言之，舆情就是民众的社会政治态度。

了解和分析舆情的产生、演化、发展以及变化的规律，对于深入了解当下社会发展过程中存在的热点、问题与社会矛盾等均具有十分重要的作用。在实际工作中，舆情概念的理解需要包含以下四个层次的内容：

（1）舆情是民意集合的反映。换句话说，民意是形成舆情的来源，没有民意，就没有舆情。

（2）舆情所要反映的民意，是那些对执政者决策行为能够产生影响的“民意”，而非民意的全部。

（3）舆情因变事项是舆情产生的基础，研究和分析舆情，首先要深入研究和分析舆情因变事项的发生、发展和变化的规律。

（4）舆情空间对舆情传播及其对执政者决策行为的影响具有重要作用。

这里特别强调的是，舆情定义中的“民众社会政治态度”，是指民众对执政者及其所持有的政治取向的看法、意见和态度。民众的这种社会政治态度说到底是对自身利益需求的一种诉求和表达，它不仅包括民众对国家政治的看法、意见和态度，对社会政治的看法、意见和态度，同时还包括民众对社会事物的看法、意见和态度。“民众社会政治态度”是民众要求执政者不断改善民情状况的一种诉求和意愿的集合。

1.2.2　网络舆情的概念

网络舆情是社会舆情在互联网空间的映射，是社会舆情的直接反映。近年来的网络群体性事件，形成大规模网络舆论事件的爆发点，主要涉及以下几个方面：安全与事故；公平与正义；伦理与信仰和民族与历史。按照马斯洛的需要层次理论，上述四大爆发点分别属于人身安全、利益分配、个人价值与社会尊重。换而言之，但凡关系到民众人身安全、利益分配、个人价值与社会尊重的信息、言论、行为、事件等，都可能会引爆强大的网络舆论场，也就具有构成网络舆论风险的可能性。

由于传统的社会舆情存在于民间，存在于大众的思想观念和日常的街头巷尾的议论之中，大众思想难以捕捉，街头议论稍纵即逝，舆情的获取只能通过社会明察暗访、民意调查等方式进行，获取效率低下，样本少容易产生偏颇，且耗费巨大。而随着互联网的发展，大众往往以信息化的方式发表各自看法，网络舆情可以采用网络自动抓取等技术手段方便获取，效率高而且信息保真（没有人为加工），覆盖面更全。

互联网在全球范围内飞速发展，网络媒体已被公认为是继报纸、广播、电视之后的“第四媒体”，成为反映社会舆情的主要载体之一。2014 年 1 月 16 日，中国互联网络信息中心（China Internet Network Information Center，CNNIC）在京发布第 33 次《中国互联网络发展状况统计报告》（以下简称《报告》）。《报告》显示，截至 2013 年 12 月，中国网民规模达 6.18 亿人，全年新增网民 5358 万人，互联网普及率为 45.8%（图 1-1）。

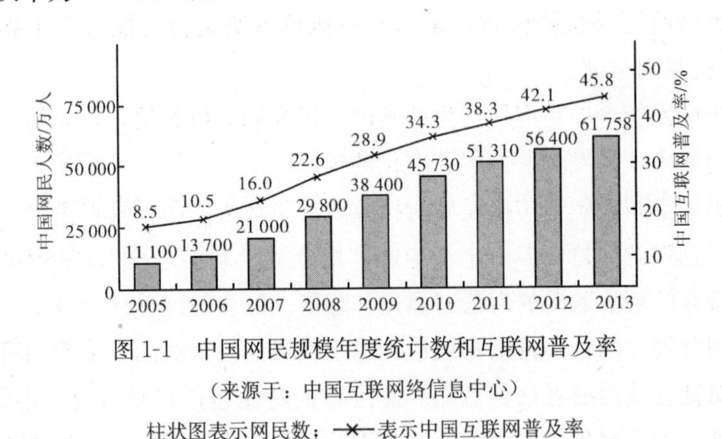

图 1-1　中国网民规模年度统计数和互联网普及率

（来源于：中国互联网络信息中心）

柱状图表示网民数；—×—表示中国互联网普及率

针对网络信息发展的状况，大量的学者针对网络舆情的特点与传播方式开展了深入研究。其中，刘毅（2006）认为网络舆情是通过互联网表达和传播的，公众对自己关心或与自身利益紧密相关的各种公共事务所持有的多种情绪、态度和意见交错的总和。它具有自由性与可控性、互动性与即时性、丰富性与多元性、隐匿性与外显性、情绪化与非理性、个性化与群体极性化等特点。主要通过电子邮件、新闻组、BBS、博客、微博等途径传播。特别是与传统传播模式相比，网络传播更易出现“群体极化”现象。根据传播学中的“选择性接触”理论，网络传播是一种大众化互动模式，在网络环境中聚集的网民群体，极易形成“高群内同质化、群际间异质化倾向”，这样就极其容易导致群体认同的出现。同时，网络的超链接也是网络社会中舆论主体更容易出现“群体极化”的一个重要原因。

中山大学周如俊（2005）认为网络舆情从书面上理解就是在互联网上传播的公众对某一“焦点”、“热点”问题所表现的有一定影响力且带有倾向性的意见或言论的情况。南开大学徐晓日（2007）认为网络舆情是社会舆情的一种表现形式，是公众在互联网上公开表达的对某种社会现象或社会问题的具有一定影响力和倾向性的共同意见。华中科技大学纪红（2010）认为网络舆情就是指在网络空间内，围绕舆情因变事项的发生、发展和变化，网民对执政者及其政治取向所持有的态度。

综上，网络舆情是以网络为载体，以事件为核心，是广大网民情感、态度、意见、观点的表达、传播与互动以及后续影响力的集合。因此，网络舆情具有六个基本要素，即网络、事件、网民、情感、传播互动以及影响力。这六个要素也构成了本书分析网络舆情的核心要素。

1.2.3 网络舆情的特点

由于网络的开放性和虚拟性，广大网民的主观性意见，未经媒体验证和包装，直接通过多种形式发布于互联网上。从而也决定了网络舆情具有以下特点：

（1）直接性：通过BBS、新闻点评和博客网站，网民可以立即发表意见。下情直接上达，民意表达更加畅通。

（2）突发性：网络舆论的形成往往非常迅速，一个热点专题的存在加上一种情绪化的意见，就可以成为点燃一片舆论的导火索。

（3）偏差性：由于发言者身份隐蔽，并且缺少规则限制和有效监督，网络自然成为一些网民发泄情绪的空间。在现实生活中遇到挫折，对社会问题片面认识等等，都会利用网络来宣泄。因此在网络上更容易出现庸俗、灰色的言论。因此，一方面需要客观真实地梳理并获得网络中的民意，另一方面也需要客观分析民意产生的结果，去其糟粕，取其精华，从而使得这一些网络舆情可以为实际的管理过程以及业务的优化过程提供决策分析依据。

1.3　BBS 的群体与结构分析

BBS 早已成为普通民众表达个人观点和意愿的主流媒体。研究表明，网络热点事件的首发主体中 1/3 左右来自网民，网民发布信息主要依赖的是论坛，因此对用户参与较多的热门论坛进行研究具有重要的价值和意义。

1.3.1　BBS 的群体分析

由于 BBS 网络社会群体是一个由话题组织起来的有核心力量的群体，每一个群体成员都有相对固定的 ID，他们对该论坛的规则有较为一致的认识，在一段时间内，能够保持持续交往，并已经形成了比较明确的成员关系，论坛成员之间主要不是进行私人内容的交流，其发展目标就是给网民提供一个能够有组织地讨论话题、交流观点的平台。其中不同版块依其内容吸纳不同的成员，成员间可以通过“发帖”对共同关注的问题进行自由的讨论。因此，BBS 网络群体在网络世界中有着相对较强的凝聚力，即使是在虚拟社区中，群体成员也能产生较强的归属感。特别是长期在某一版块交流讨论的成员，久而久之就形成了类似现实生活中的情感，视自己为群体中的一分子，共同维护群体的利益。

BBS 为网络用户群体提供了一个更为有效的交流互动工具。对个人而言，BBS 热点发现能使用户及时、方便地获取当前社会中比较重要的热点信息；对企业而言，通过对特定论坛的热点发现可以让企业更迅速地掌握相关领域的发展动态、用户关注的热点技术从而提高企业的竞争力；对国家而言，BBS 热点发现具有更加重大的意义，可以帮助政府及相关部门及时了解当前社会重要事件和舆论方向，有助于相关部门迅速进行舆论引导，发扬积极、健康向上的舆论，抑制消极、片面的舆论。

目前，几乎所有国内门户网站都开设有 BBS，全国 BBS 数量已超过百万个，位居全球之首。通过对天涯社区、百度贴吧、新浪论坛等国内热门论坛的帖子信息进行分析可知，网络舆情具有较大传染性。虽然各个论坛受众和定位存在较大差别，但网民对社会热点话题的关注点、价值取向呈现惊人的相似。此外，现实社会中的热点话题，往往在 BBS 上也会形成大量的帖子。

另外，由于匿名的网络空间提供了接触更多人的机会，网民既可以是舆情信息的传播者，也可以是舆情信息的接收者。群体成员在交往数量上可以达到前所未有的广度，但论坛成员的流动性导致了交往的持续性较差，成员间的关系大多处于弱关系状态。而在 BBS 中保持较强联系的用户更是少之又少，并且，这种联系的持续时间也很短，很多时候人们只是因为碰巧对某个话题共同感兴趣而走到一起，之后便不再有太多的交往。因此，从一定程度上讲，BBS 网络群体处于“有机团结”的联系状态，群体成员的同质性不高，来自不同背景、有着不同生活方式的人都可以在论坛上畅所欲言，每个人都是独立的个体，而且越具个性化的东西越能引起他人的关注。此外，网民可以很自由地在不同版块之间游移，同时参与不同性质问题的讨论。由于论坛通常缺少有效的限制和监督，并且发言者身份隐蔽，一些网民在现实生活中遇到挫折或对社会问题认识偏激，都可能到论坛中发表帖子进行宣泄，因此论坛中较容易出现片面、偏执和消极的言论。如果不及时加以引导，一个热点事件的出现加上一些情绪化的意见就可以成为点燃一片舆论的导火索，对社会公共安全形成较大威胁。

因此，可以说 BBS 是现实社会的某种真实反映，研究 BBS 热点信息发现对研究整个社会的网络舆情状况具有十分重要的意义。

基于上述分析，选定天涯社区为核心的数据来源。天涯社区作为当今互联网上交流使用最为广泛的论坛之一，其为广大的草根网民提供了一个方便、简单、直接的自由交流、即时发表自己意见的互动平台，匿名性及低门槛使网民更能表达自己的真实意愿，成为草根网民表达自我想法的最佳平台。本书以此论坛为研究的数据来源，通过对十八届三中全会前后一年来的舆情进行分析，试图探索十八届三中全会前后的相关热点事件产生、演化以及对整个社会发展的影响。

1.3.2 BBS 的结构分析

用户发表的帖子是 BBS 中最具有价值的信息，如何针对 BBS 热点话题进行挖掘则是目前研究热点。日本东京大学的 Naohiro Matsa 等（2002）提出影响力传播模型（influence dimision model，IDM)，用于发现 BBS 上有影响力的人物和话题。该模型用帖子中的关键词来反映作者的观点，并利用关键词传递的多少反映影响的程度高低。该模型着眼点在于用户之间的交互模式，通过分析帖子或者用户间的影响力传递来发现焦点人物或者热点话题。另外，由于国外的新闻组跟 BBS 的结构类似，为提高对新闻组中大量信息的利用率，Zukerman 等（2004）利用向量空间模型来表示新闻组中的讨论帖子，然后用 K-Means 方法对帖子进行主题聚类。而在聚类过程中，大量的文献均通过抽取 BBS 中每个帖子的标题、内容、作者、发表时间等内容结构化元数据，形成文本的特征向量，并利用 F-Score 方法对聚类结果进行评价。因此，尽管不同的论坛其显示风格各不相同，但为了便于管理和方便用户使用，论坛以一定的层次结构将信息组织起来，具有一定的逻辑结构。这一种结构对于内容与主题的挖掘与分析来说至关重要。一般，BBS 主要包括以下层次化结构：

(1) 版块（Board）：论坛中根据不同的主题组织成的讨论区。

(2) 帖子（Post）：论坛中信息的最小单位，指论坛中用户发表的一段文字，可以是评论、回复和提议等任何形式。

(3) 事件（Event）：在特定时间、特定地点发生的事情。

(4) 主题（Topic）：也称为话题，指一个种子主题或活动以及与它直接相关的主题和活动。

(5) 专题（Subject）：涵盖多个类似的具体专题主题的聚合。

(6) 热点（Hotspot）：热点和主题概念比较接近，但有所区别，其主要特点如下：热点通常是一个与时间相关的包含多种子专题及相关报道的主题，并与主题中某段时间内的文档数量相关。热点可以分为绝对热点和相对热点。绝对热点指在某段时间内文档数量超过某个固定阈值的主题，相对热点为按照某种排序方式排名靠前的若干个主题。

(7) 主帖（Mainpost）：用户发表一个话题，对应于主题列表中的每一个条目。

(8) 跟帖（Appendedpost）：某个话题讨论中除了主帖之外的其他帖子。

对于文本的挖掘与处理而言，上述这些结构要素的定义提供了一个统一的命名与分析基础。本书针对舆情分析的过程，均采用上述文本结构定义来描述主题内容的分析与挖掘。

第 2 章　数据分析指标体系及主要算法

网络媒体的兴起，为人们发表言论提供了广阔开放的平台。当某一事件在网络中披露并且快速地被转载与传播后，瞬间即演变为汹涌的网络舆情，网民的情绪、意见和价值判断通过网络发挥了巨大的舆论压力和作用。一方面影响了事件发展动态，另一方面也暴露了隐藏在事件背后的社会动态和社会思潮。因此，对网络采集各类数据的来源、地域范围和传播渠道等进行系统化的分析，形成一个有效的分析指标体系，通过定性与定量分析相结合，从客观准确地判断网络舆情的形势、受众的态度倾向以及网络舆情的潜在问题，并以此作为采取预警、响应措施以及决策应对的判断依据，具有重要的研究与应用意义。

为了更加有效地分析十八届三中全会前后一年的相关网络舆论，进行了数据采集，特别是对天涯论坛进行数据抽取与文本内容的挖掘分析，并建立了一个舆情分析的主要指标体系。

2.1　主要分析指标

网络舆情监测与预警的分析评价指标体系是以网络媒体技术为手段，展现舆情的分布、来源、传播渠道以及舆情内容的性质和网络大众的情感倾向，并为网络舆情监测和预警机制的建设提供指导思想的评价指标集，旨在实现对非物化社会舆情现象进行可定量或定性的分析能力。

2.1.1　指标体系构建原则

指标是评价某些研究对象时需要确定的评价依据和标准，是由一些相互联系、相互补充的指标组成的统一整体，反映研究对象的综合状况。指标体系以多指标、多层次的方式揭示事物之间的关联性和系统性，将一个复杂的问题分解成多个相互联系的部分，通过研究各部分之间的关系，就能透彻认识整体，并准确定位关键制约因素。构建网络舆情指标体系的原则可以归纳为：

1. 目标性

对舆情信息而言，常需要通过多个维度来获取相应的信息要素来进行分析，以实现一系列的相关目标，满足多方面的实际需求。这就要求在采集、分析舆情信息的过程中协调多个指标，指标的内涵具有相对独立性，避免指标互相重叠。这些指标能够充分体现网络舆情信息的本质，反映网络舆情的典型特征，揭示网络舆情形成模式和变动规律，以便网络舆情工作者对网络舆情进行正确引导和管理。

2. 科学性

指标体系的设计应当满足定性与定量相结合的原则，即在定性分析的基础上，还要进行量化处理。量化指标需要网络舆情的相关统计数据资料，片面和错误的数据会导致评估结果出现偏差和误导。对于缺乏统计数据的定性指标，可采用评分法，利用专家意见近似实现其量化。此外，指标体系中同一层次的指标，应该满足可比性的原则，即具有相同的计量范围、计量口径和计量方法，指标取值宜采用相对值，尽可能不采用绝对值。

3. 系统性

网络舆情监测与预警工作是一项复杂的系统工程，涉及诸多方面，多项指标彼此联系，能够从多角度、多层次体现出网络舆情的特点。网络舆情监测与预警的评价指标体系作为一个复杂的系统，应当满足以下几点要求。

（1）相关性，要运用系统论的相关性原理不断分析，然后设计评价指标体系。

（2）层次性，指标体系要形成阶层性的功能群，层次之间要相互适应并具有一致性，要具有与其相适应的导向作用，即每项上层指标都要有相应的下层指标与其相适应。

（3）整体性，不仅要注意指标体系整体的内在联系，而且要注意整体的功能和目标。

（4）综合性，指标体系的设计不仅要有反映事故状况的指标，更重要的是要有反映隐患的指标，事前与事后综合，不同时期（历史、现状、将来）综合才能更为客观和全面。

4. 定量性

指标的描述要求概念明确、简单明了，还要考虑现行科技水平和可行的网络舆情信息的收集方法与渠道，以实现有效的采集数据。尽量选取易量化的指标，减少主观指标的数量。

5. 可操作性

构建指标体系是为了实际操作应用，应该尽可能做到简单、精练，方便检测、采集及评价。简单、精练的评价指标体系，能够在不影响评价结果的条件下缩短并简化计量、处理、评定等测评工作，减少评价工作的工作量，提高评价工作的工作效率。

2.1.2 分析指标

依据指标建立的几个方面的特征，对论坛中的内容分析设定一个科学的指标分析结构体系，并利用该指标体系建立一个更易于定性理解和定量分析的网络舆情信息评测机制，对研究内容的分析与挖掘提供一个客观依据。本书的舆情分析指标体系如图 2-1 所示。

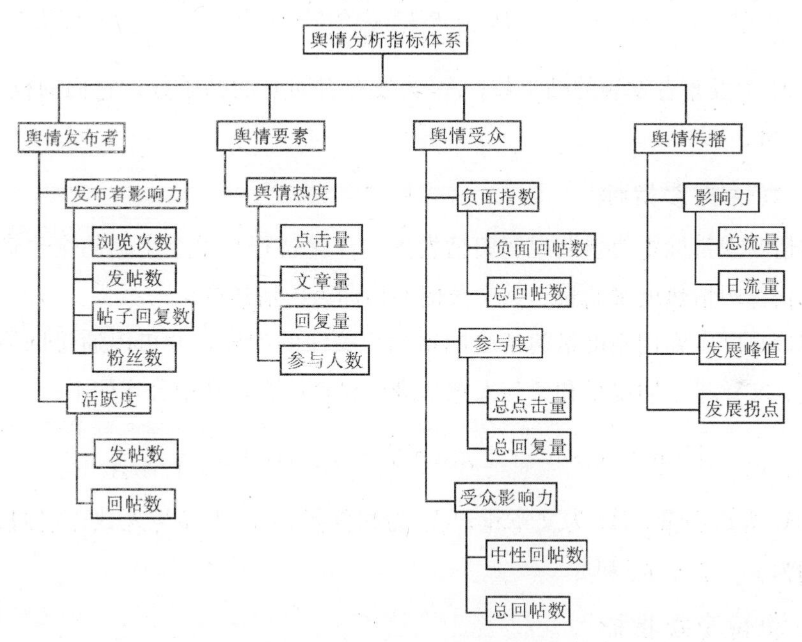

图 2-1 舆情分析指标体系

其中，该指标体系分类中的具体指标的概念及含义如下：

1. 舆情发布者指标

主要用来度量发布者引起网络舆情分析者的受关注的程度，监测具有号召力与舆论影响力的网民的特征指标，例如如何评定和度量网络中的“论坛领袖”，它包括以下关键指标：

(1) 发布者影响力：用来度量发布者在社区的作用与影响力的大小。该指标通过浏览次数、发帖数、帖子回复数和粉丝数 4 个网络参量来进行度量，并可采用 Sigmoid 函数进行计算：

$$f(x) = \frac{1}{1+e^{-x}} \tag{2-1}$$

式中，x 分别可以用浏览次数、发帖数、帖子回复数和粉丝数的值来表示。同时，给上述 4 个子指标分别赋予不同的权重值 g_1、g_2、g_3 和 g_4，最终通过公式：

$$P_1 = g_1 f(x_1) + g_2(x_2) + g_3 f(x_3) + g_4 f(x_4) \tag{2-2}$$

来计算出发布者的影响力。

（2）发布者活跃度：用来度量发布者在此社区的活跃程度，可以通过该用户在网络中的发帖数和参与的回帖数来衡量。并可以利用下面的公式计算：

$$P_2 = \frac{g_1 A_1 + g_2 A_2}{10} \tag{2-3}$$

式中，A_1 为发布者发表的帖子数；A_2 为发布者回复的帖子数；它们的权重值分别为 g_1 和 g_2。

2. 舆情要素指标

舆情要素指标主要强调观测舆情发展的深化过程与整个主题的全生命周期，通过子指标舆情热度来衡量。其中关键的指标为舆情热度。

舆情热度主要用来度量舆情受网络用户关注的程度，并可以通过网络参数：点击量、文章量、回复量和参与人数来进行组合计算，其中公式如下：

$$\text{Heat} = g_1 \sin\frac{A_1}{A_3} + g_2 \sin\frac{A_2}{A_3} + g_3\sqrt{A_3} + g_4 \frac{A_4}{A_2 + A_3} \tag{2-4}$$

式中，A_1 为点击量；A_2 为文章量；A_3 为回复量；A_4 为参与人数；它们的权重值分别为 g_1、g_2、g_3 和 g_4。

3. 舆情受众指标

舆情受众指标主要针对的所有被舆情影响到的网络用户（即网民），它主要包含以下 3 个子指标：负面指数、参与度和受众影响力。

（1）负面指数：描述的是舆情对网民思想冲击而产生的负面情绪的程度，通过 $\frac{\text{负面回帖数}}{\text{总回帖数}}$ 来进行计算，即负面回帖数占总回帖数的百分比。

（2）参与度：指网民参与舆情讨论的程度，通过 $\frac{\text{总回复量}}{\text{总点击量}}$ 进行度量。

（3）受众影响力：用来度量网民可能受到负面舆论影响的程度。因为趋向于中立的网民往往容易受到恶意的煽动，从而转化为对事件的负面态度，通过

$\frac{\text{中性回帖数}}{\text{总回帖数}}$来计算，即态度中立的回帖占所有回帖的百分比。

4. 舆情传播指标

舆情传播指标在于确定舆情在网络中的传播渠道和传播影响的环节，并可以着重分析网络舆情所处的传播和扩散阶段。它包括以下 3 个子指标：

（1）影响力：主要是指舆情传播过程中对网民的影响程度，通过某一专题下所有帖子的日流量和总流量随时间变化的趋势图来衡量。日流量即所有帖子的日回复量之和，总流量即为一段时间内该专题所有帖子的总回复量之和。

（2）发展峰值：舆情讨论最激烈的点，即单位时间内回复量最高的点即为发展峰值，监控该点可以得知导致舆情变化的原因与趋势。

（3）发展拐点：即情感倾向发生变化的点，通过正面回帖数与负面回帖数的差值来进行计算，监控该指标可以有助于分析引发网络大众情感发生变化的拐点与原因。

2.2 主要算法

算法是分析和解决问题的一个思路与具体的实现方法网络舆情监测与预警的分析评价指标通过下述 5 种算法来进行计算和实现。

2.2.1 专题聚类

通过专题聚类可以把一个领域下的所有帖子聚类成多个专题，而对于回复数较多的专题即为热门专题，也就是网民比较关注的专题，分析这些专题可以准确地把握某一个领域下的舆情分类信息。一般的，针对文本的专题聚类算法常采用密度聚类方式，其主要步骤如下：

（1）对领域下帖子的标题和内容进行分词并加权，建立文档的倒排索引。

（2）利用 DBScan 聚类算法把帖子聚成不同的簇，形成相关的专题。

（3）取专题下频率最高的 100 个非停用词作为该专题的关键词，并过滤形成专题的特征向量。

2.2.2 专题标题抽取

专题的标题一般表示专题的关键特征所在，即需要机器自动地找到某一个最能够反映出专题特征的帖子的标题，并将其作为该专题的候选标题。因此，通过针对专题内所有帖子的标题特征抽取，就可以了解在该专题中将会涉及哪些关键特征信息。专题内相关标题的特征抽取算法步骤如下：

(1) 对专题内的所有帖子的标题进行分词，依据词频与词性特征获取一组标题的特征向量。

(2) 计算每个标题特征向量和专题特征向量之间的相似度，得到一组相似度。

(3) 如果标题中包含字符“转”、“ ”或“?”等无意义的字符或转载的内容，则对应的相似度为0，并进行过滤排除。

(4) 最后，按相似度从大到小排列得到与专题特征向量相似度最大的标题，即专题标题。

2.2.3 专题内容摘要的自动抽取

专题内容简介的自动抽取是指对特定专题的内容进行摘要抽取，即通过对专题内容中常出现的一些信息进行自动化抽取，并自动形成专题的摘要信息。通过简要地查看专题内容便可以知道该专题主要涉及了哪些关键的事项，从而可以有助于更好地去查看专题下的所有帖子和回复的详细内容。一般地，专题内容摘要的抽取算法的主要步骤如下：

(1) 选取专题下每一个帖子内容中的第一段和最后一段的所有句子，以及其他段落的第一句和最后一句。

(2) 计算句子和专题的相似度 Similarity，其值为句子中包含的专题关键词的频率之和。

(3) 计算句子的得分 Score。

$$\text{Score} = \text{Similarity} \cdot p_l \cdot s_l \tag{2-5}$$

式中，p_l 是句子的段落权重；s_l 是句子的段内权重。

第一段中的句子，令 $p_l=2$；最后一段中的句子，令 $p_l=1.5$；

其他段中的句子，令 $p_l=1$；段内第一句，令 $s_l=2$；

段内最后一句，令 $s_l=1.5$；段内其他句子，令 $s_l=1$。

(4) 按照得分从大到小排列句子，提取排列前10的得分最高的句子。

(5) 组合这10个句子形成该专题的摘要信息。

2.2.4 专题情感计算

专题情感计算反映了网络中用户在该专题下讨论过程中的言语倾向于正面或

负面的程度。通过专题的情感倾向分析，就可以知道某一网络事件在网民中取得了怎样的反应，以及支持与否定等情感倾向的大致分布情况如何等问题，一般地，专题的情感分析同时也是舆情预警系统的一个重要的参数。专题情感计算的算法步骤如下：

（1）利用 Hownet 建立正向词库和负向词库。

（2）计算专题下每个关键词的情感倾向 Sw，其值由关键词中每个字在 Hownet词库中的情感值相加得来。

（3）计算专题的情感倾向 Se

$$\mathrm{Se} = \sum \mathrm{Sw} \cdot f \tag{2-6}$$

式中，f 是关键词在专题中出现的频度。

2.2.5　专题观点挖掘

一般地，在一个专题下往往存在着多个观点，专题的观点指的是网民对某一事件或政策的看法。通过分析专题中存在的观点，就可以知道某一个专题内都讨论了哪些问题以及形成了什么样的观点，以及哪些观点引起了网民比较大的争议，而这些观点也是舆情分析者需要格外关注的地方。专题观点挖掘算法的主要步骤如下：

（1）计算专题内所有帖子的内容和其回复与专题本身的相似度。

（2）按相似度大小排列句子，并取出不少于 500 条的句子写入文本文档。

（3）利用特征聚类处理与人工检测相结合的方式来分析文本文档中的句子，总结出专题观点及其所占的比率。

2.3　发布者模型指标

在利用网络爬虫抓取到的网络数据中，信息的发布者是一个关键的要素。通过对舆情发布者建立一个“用户”的基础模型，可以有效地来度量发布者在网络中的影响力以及引起网络舆情分析者的关注能力，即通过相关的分析确定舆情发布者是否是网络中的意见领袖，从而通过对这些意见领袖的信息监测，可以有效地找出信息传播过程中的一些规律。本节通过发布者影响力和活跃度两个指标来对信息发布者进行度量。

2.3.1 发布者影响力指标

一般地，发布者影响力指标主要通过舆情发布者的总发帖数、帖子总浏览数、回复数、粉丝数来衡量的。通过计算并以影响力最大的用户值为基准，进行归一化处理的具体数据如表 2-1 所示。

表 2-1 发布者影响力指标数据表

发布者	粉丝数	发帖数	浏览次数	回复数	影响力
老农今年又白忙 1	1 129	30	1 465 584	16 701	1
陕北黑脸汉子	18 871	15	106 359	2 566	1
bluehot _ lx	1 990	12	250 135	3 113	0.999 999 694
Easeinchina	1 593	13	143 460	1 955	0.999 999 519
公平正义的力量	210	12	143 506	2 422	0.999 998 694
悟剑不出鞘	127	21	101 129	1 232	0.999 997 612
孤独剑 A2010	100	15	62 341	1 168	0.999 996 935
上官晓舟	48	29	65 047	1 128	0.999 996 135
200610312013	40	10	21 462	249	0.999 990 348
麦田小憩去	37	11	2 375	13	0.999 980 879

表 2-1 列出了在整个舆情过程中，用户影响力排在前 10 位的用户。其中，发布者“老农今年又白忙 1”、“陕北黑脸汉子”两位的影响力为 1，可将其看作“意见领袖”，其余 8 位的影响力也在 0.9999 之上，说明他们在论坛中的影响力也颇高。在网络传播中，一些网民凭借自身文字功底好、见解深刻等素质，成为网络中的“意见领袖”。他们能够左右众多网民的意见，并促成网络舆论的最终形成，他们善于从表象信息透析到比较深层的价值内涵和意义，并能对问题进行解析，形成自己的观点并加以表达。根据沉默的螺旋理论，绝大多数网民属于“沉默的大多数”，只是被动地接受信息，“意见领袖”的观点会成为网络意见“轴心”，而其他网民则依附这一“轴心”，接受“意见领袖”的观点或以这些意见“轴心”为准绳，不断修正自己的意见，并最终与“意见领袖”的观点保持一致。

2.3.2 发布者活跃度指标

活跃度指标是通过发布者的发帖和该用户所参与的回帖的频率来进行度量的，并从活跃度最高的用户值为基础，进行归一化处理具体数据如表 2-2 所示。

表 2-2　发布者活跃度指标数据表

用　户	发帖数	回帖数	活跃度
陕北黑脸汉子	15	1 680	1
重庆半兽人	16	1 616	0.956 541
老农今年又白忙 1	30	1 192	0.940 176
孤独剑 A2010	15	1 292	0.921 607
食炸糊晕了	14	938	0.875 515
大理道	15	839	0.857 697
a5888388	13	827	0.853 477
公平正义的力量	12	705	0.842 662
凤凰涅槃 0104	11	633	0.833 913
懂懂曰	11	590	0.828 552

表 2-2 列出了发布者活跃度排在前 10 名的用户，表明这些用户在论坛中比较积极活跃，同时可以重点监测这些活跃度高的用户。另外，在影响力和活跃度的前 10 名用户中，“陕北黑脸汉子”、“老农今年又白忙 1”和“孤独剑 A2010”三位属于活跃型意见领袖，他们都勤于笔耕，保持着较高的发帖量和回帖量。需要指出的是，用户影响力和用户活跃度不存在严格的正比关系，影响力较高的用户活跃度不一定高，活跃度低的用户影响力有可能较高。

第 3 章　十八届三中全会报告热点关键词舆情分析

3.1　十八大和十八届三中全会报告中的热点词对比分析

为了更好地把握和了解十八届三中全会报告中的热点，本章将此之前召开的十八届全国人民代表大会（十八大）报告中的热点词和词频进行了统计分析，出现次数（词频）较高的前 50 个作为关键词。针对这些热点词的分布进行分析，其中热点词以及词频如表 3-1 所示。

表 3-1　十八大报告中的热点词及其词频

热点词	词频	热点词	词频	热点词	词频
发展	281	政治	49	世界	30
建设	187	服务	46	理论	30
社会主义	165	保障	45	城乡	29
社会	128	教育	43	战略	29
人民	128	管理	42	资源	29
坚持	104	生态	39	基屋	29
党	103	干部	39	思想	28
中国特色	95	和平	36	合作	28
制度	93	群众	36	开放	28
改革	85	安全	36	文明	27
文化	85	现代化	35	道路	26
经济	77	能力	35	公共	25
国家	72	领导	33	人才	25
民主	62	环境	33	团结	25
创新	52	国际	31	统一	24
体制	50	问题	31	民族	24
科学	49	和谐	31		

基于分析的结果，再利用词频统计雷达图进行处理后的结果如图 3-1 所示。

为了对比研究，以便更好地理解十八届三中全会报告所涵盖的相关领域和重点议题，本节进一步针对报告中出现的热点词以及词频进行初步的分析，并将统计出现次数（词频）较高的前 50 个词、热点词及其相应的词频列入表 3-2。

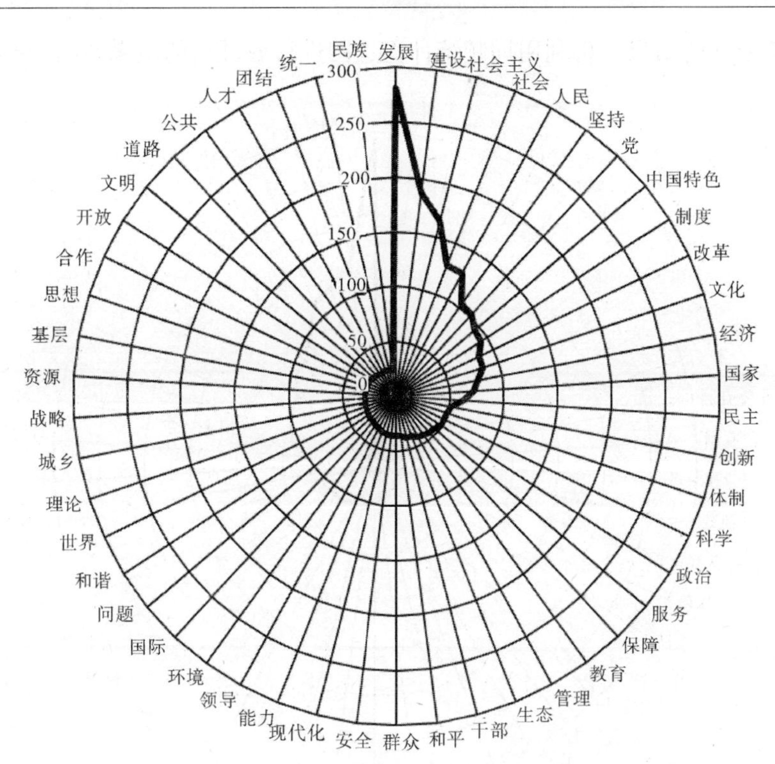

图 3-1　十八大报告中的热点词雷达图

表 3-2　十八届三中全会报告中的热点词及其词频

热点词	词频	热点词	词频	热点词	词频
改革	68	政府	12	保障	6
制度	43	机制	11	决策	6
体制	38	资源	11	执政	6
发展	36	治理	11	水平	6
社会主义	30	科学	10	公有制	6
经济	26	创新	10	非公有制	6
社会	25	开放	10	权力	5
体系	22	公平	10	司法	5
人民	21	配置	9	服务	5
中国	20	群众	8	自由	5
文化	19	文明	8	军事	4
市场	18	城乡	8	法治	4
政治	15	安全	7	财税	4
国家	14	现代化	7	健康	4
领导	12	公共	6	教育	3
民主	12	市场经济	6	环境	3
生态	12	军队	6		

基于分词的结果，再利用词频统计雷达图进行处理后的结果如图 3-2 所示。

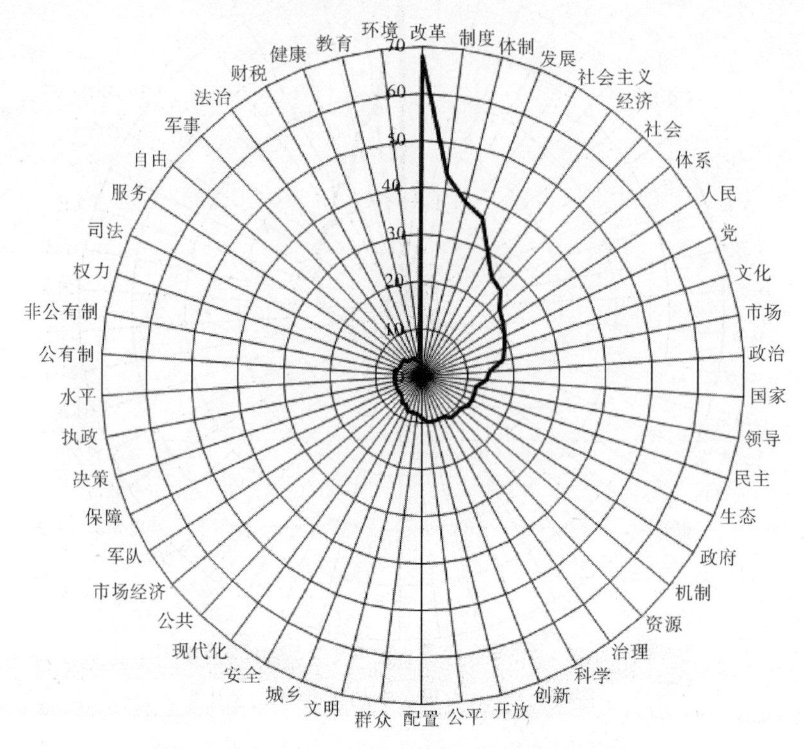

图 3-2　十八届三中全会报告中的热点词雷达图

综合十八大和十八届三中全会报告中的热点词可知，“改革”一词出现的频率颇高，说明国家对于改革投入的力度较大，深化全面改革将是我党以后工作的重中之重。同时，“社会主义”也是两次会议的重点，表明了我党将坚定不移地走社会主义道路，全面提高整个社会的发展活力。“人民”、“群众”等词的频率也比较高，说明人民的利益仍是党和政府关注的焦点。“创新”在两次会议报告中被提及的次数也较多，表明建立一个创新型社会将更有助于国家的改革和发展。两次会议都强调“经济”、“政治”、“社会”、“生态”、“文化”、“军事”等词，说明国家重点要对这些领域进行改革和发展，同时这些词也为舆情分析提供了依据，将在后面的章节对这些领域分别进行分析。

根据十八届三中全会的热点词集合形成一个词汇语义关系网络（图 3-3），可初步得到词之间的关系（注：词之间的关系是一条有向箭头，词与有向箭头所指向的另一个词汇组成词组，反之不能组成词组）。

从图 3-3 中的词汇网络中，可以大致分析出十八届三中全会中的会议精神和工作方向。词组搭配相较于关键词的词频能够更清晰地体现报告中的语义内容。在报告中，多次出现了与“改革”相关的词组，如改革发展、改革创新、改革开放等，体现了改革将是党和政府未来工作的重中之重，也表明了党和政府将在改革上大力出手。同时，“发展”一词的入度和出度也比较大，与发展组成的词组有：科学发展、创新发展、文化发展、城乡发展、发展基层、发展军事等，这指明了我国的发展方式和发展领域，符合我国新的发展实际。

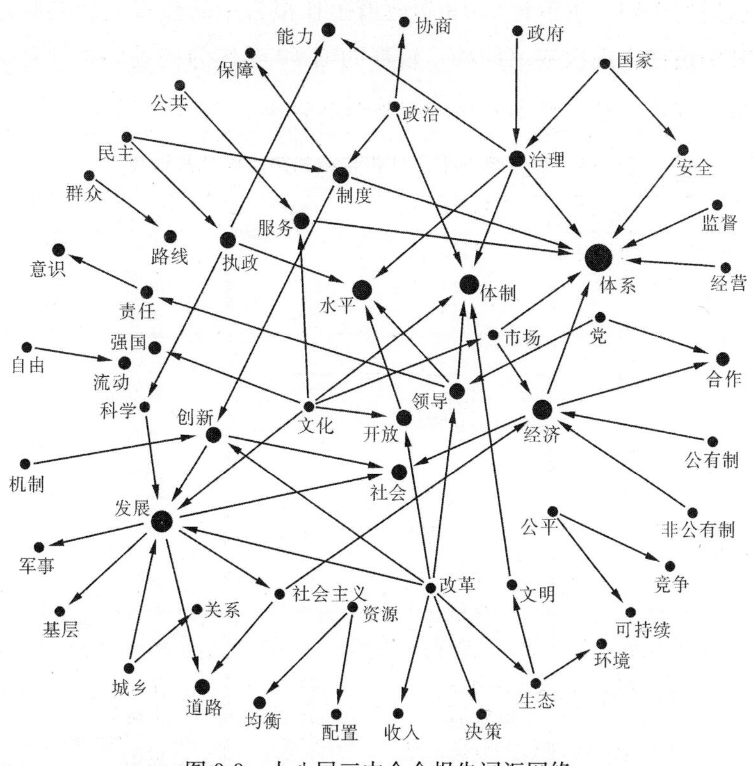

图 3-3　十八届三中全会报告词汇网络

报告中多次出现了与体系相关的词组，包括市场体系、经济体系、监督体系、治理体系、安全体系、经营体系，表明政府将着力构建一套完整的社会化体系，更好地服务于人民，体现了党和政府对于各领域体系建设的重视程度。另外，“经济”一词的高概率出现，表明了以经济建设为中心，发挥经济体制改革的牵引作用至关重要，体现了经济体制改革的重要性。同时，报告中频繁出现社会主义一词，表明党和国家仍将坚定不移地走中国特色社会主义道路的决心。

3.2 2013年政府工作报告词频分析

2013年3月5日，第十二届全国人民代表大会第一次会议在北京人民大会堂开幕，温家宝总理代表国务院，向大会报告过去五年的政府工作，并对2013年工作提出建议。这次会议作为我党新旧领导班子交替的时点，政府的工作报告起到了承前启后的作用。本节将2013年政府工作报告中的热点词和词频进行了统计分析，其中统计出现次数（词频）较高的前50个作为关键词，针对这些热点词的分布进行分析，其中热点词以及词频列入表3-3。

表3-3　2013年政府工作报告中的热点词及其词频

热点词	词频	热点词	词频	热点词	词频
发展	136	文化	23	安全	15
经济	75	环境	22	市场	15
改革	52	问题	22	公共	15
社会	47	产业	21	开放	15
政策	46	国际	20	货币	14
农村	37	事业	20	质量	14
制度	36	居民	19	城镇	14
工作	35	投资	19	创新	14
政府	31	城乡	19	机制	14
体系	29	企业	18	支出	13
结构	26	体制	18	价格	13
就业	26	管理	18	风险	13
财政	26	服务	17	优化	13
保障	25	农业	17	调整	13
金融	24	消费	17	健康	13
人民	24	能力	16	社会主义	12
教育	23	技术	15		

基于分词的结果，再利用词频统计雷达图进行处理后的结果如图3-4所示。

由2013年政府工作报告中的热点词可知，“发展”仍旧是我党过去以及未来工作的重点。本次政府报告强调了“经济”一词，政府将加快转变经济发展方式，不断促进经济持续健康发展。同时，“社会”一词也是本次政府报告的热点词，本次报告着重阐述了保障社会民生的几大具体措施，分别为完善社会保障制度、加强和创新社会管理、改革社会组织管理体制、加强房地产市场调控和保障性安居工程建设等。这些措施将切实服务于民，真正做到以民为本，进而保障了

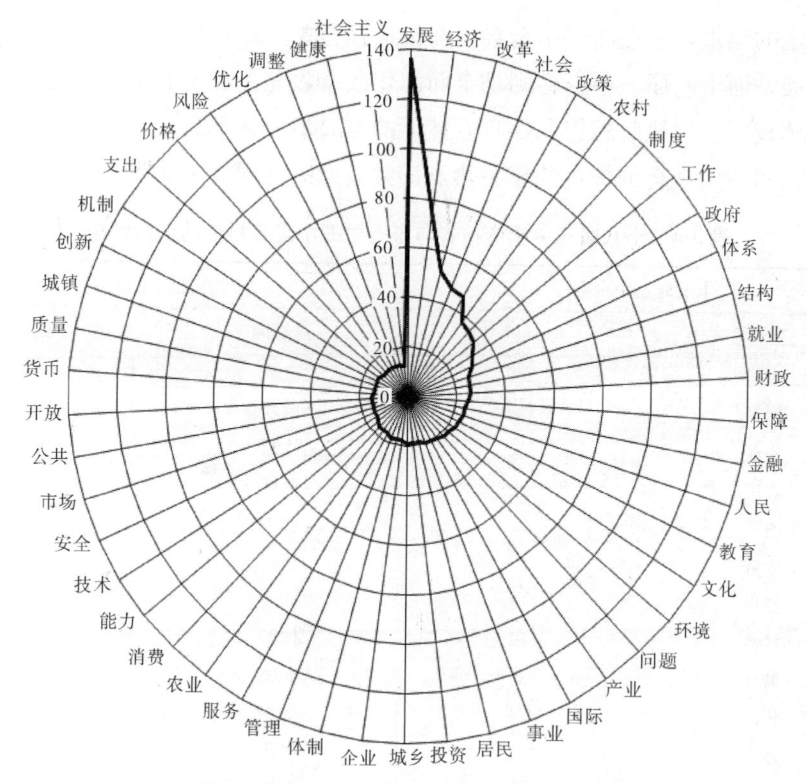

图 3-4　2013 年政府工作报告词频雷达图

社会安定和谐。本次政府报告也强调了“农村”一词，政府将着力强化农业农村发展基础，推动城乡发展一体化；坚持以家庭承包经营为基础，同时要遵循城镇化的客观规律，与农业现代化相辅相成。“服务”、“保障”、“教育”和“环境”等词的词频在政府工作报告中体现的也比较多，这些体现了政策侧重点的词汇的高频出现正是印证了党从实际、从人民所需的关注点出发，维护好中国最广大人民的根本利益的综合体现。“安全”、“能力”、“问题”和“城乡”等关键词的词频也较高，这些词反映了在发展中，中国所面临的一些社会问题和发展问题，面对这些挑战的考验，必须全力以赴，积极应对。

3.3　十八届三中全会与十七届三中全会报告的词频变化分析

为了更深刻地把握十八届三中全会报告中的新方向与趋势，利用十七届三中全会的报告进行对比分析。从十八届三中全会报告较十七届三中全会报告的词频排序对比中可以看出，十八届三中全会报告与十七届三中全会报告在整体方向上有了一定的偏重，十七届三中全会旨在推进社会主义新农村建设，大力推动城乡统筹发展；而十八届三中全会则是全面深化改革，完善和发展中国特色社会主义制度，体现了党在执政思想和执政方针上的与时俱进和不断创新。十七届三中全会与十八届三中全会的报告的相关热点词频数据统计列入表 3-4。

表 3-4　十八届三中全会报告与十七届三中全会报告的词频数据

十七届三中全会		十八届三中全会	
热点词	词频	热点词	词频
农村	249	改革	68
发展	143	制度	43
农业	113	体制	38
农民	98	发展	36
改革	57	社会主义	30
服务	45	经济	26
制度	42	社会	25
社会	42	体系	22
城乡	39	人民	21
机制	34	党	20
体系	31	文化	19
农产品	31	市场	18
党	30	政治	15
社会主义	29	国家	14
土地	29	领导	12
管理	28	民主	12
粮食	26	生态	12
体制	24	政府	12
政策	24	机制	11
生产	23	资源	11

基于上述分词比较的结果，抽取两次报告中均出现的热点词，再利用词频统计雷达图进行处理后的结果如图 3-5 所示。

从上述的分析可以清晰地看出，与十七届三中全会报告相比，“改革”这一关键词的词频有了很大的提升。十八届三中全会报告中特别指出，全面深化改革的总目标是完善和发展中国特色社会主义制度，推进国家治理体系和治理能力现代化。在十七届三中全会关于农村改革的基础上进行全面改革，努力开拓中国特色社会主义事业更加广阔的前景。毫无疑问，改革将会是我国建设中国特色社会主义的重中之重。

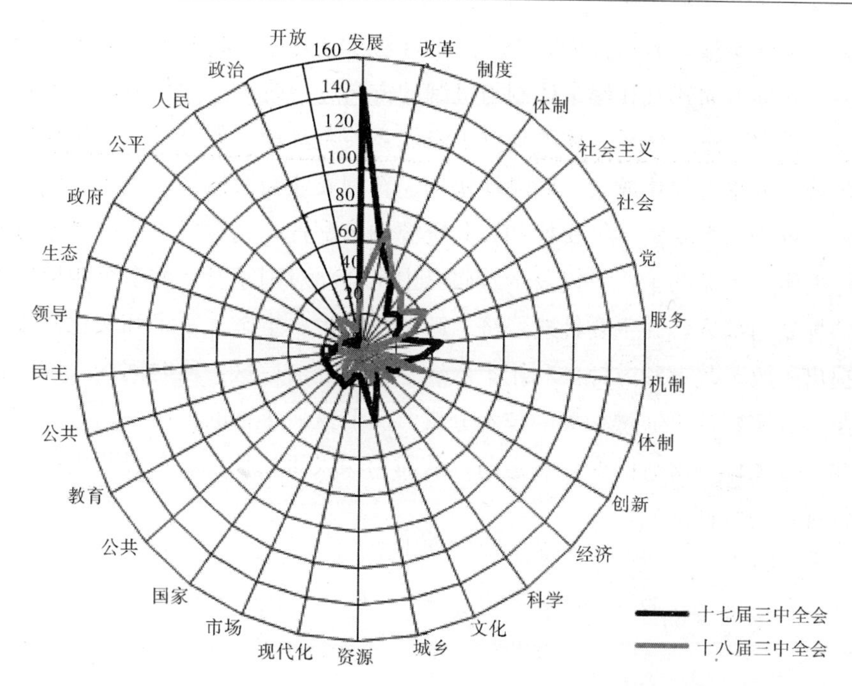

图 3-5　十八届三中全会与十七届三中全会词频雷达图

“体制”一词是十八届三中全会报告强调的重点，在词频排名中上升了 15 名，表明了国家对完善体制建设的决心。十八届三中全会涵盖了各领域下的体制改革，主要针对政治、文化、经济、社会以及生态等领域，全面深化体制改革将是我国前进的基石，为实现国家治理体系现代化和治理能力现代化做好铺垫。

“服务”、“教育”和“现代化”等词在十八届三中全会报告中的词频相较于十七届三中全会报告，有了较为明显地减少，说明在上一个五年的建设中，我国在相应领域的改革已经解决一些突出的问题，在社会发展过程中的关注度存在一些程度的下降。

“政治”、“文化”、“经济”、“社会”、“生态”等关键词的词频都有不同程度的提升，体现了我党更加注重改革的系统性、整体性、协同性，加快发展社会主义市场经济、民主政治，促进先进文化、和谐社会、生态文明的共同协调发展，让一切劳动、知识、技术、管理、资本的活力竞相迸发，让发展成果更多、更公平地惠及全体人民。同时，党的十八届三中全会报告中也指出，要军民结合深入发展，加强我国的军事建设和国防力量。

“农村”、“农民”和“农业”等关键词的词频相比于十七大报告，有了明显的下降，而“城镇化”却成为了新的热点词，这一方面说明在五年内，政策可能存在的一定的调整；另一方面，“三农”问题可能会随着城镇化改革而赋予新的生命力，即逐渐向建立和健全体制与机制的方向进行改革，并形成以工促农、以城带乡、工农互惠、城乡一体的新型工农城乡关系，让广大农民平等参与现代化进程、共同分享现代化成果，同时加快构建新型农业经营体系，赋予农民更多财产权利，推进城乡要素平等交换和公共资源均衡配置，完善城镇化发展体制。

综上所述，党的十八大以及十八届三中全会，对国家发展的多个领域进行了重点的规划与部署，并主要针对经济、政治、民生、生态、军事和文化六个核心领域提出了改革政策和方针。利用十八届三中全会前后这一段时间内，网络论坛中采集的真实数据再通过相关的技术分析，获取这一年来的网络舆情重点领域中的一些关键事件中民意的变化和走向，从而为深入研究社会变革过程中的相关问题提供现实的数据基础。

第 4 章　经济体制改革领域的相关舆情分析

1978 年，发端于中国共产党十一届三中全会的改革开放，改变了中国，影响了世界。此后 35 年间的 7 次三中全会中，改革是贯穿其中的不变主题。也正因为如此，在中国的政治语汇中，“三中全会”几乎成为改革开放的代名词。在新的历史条件下，现实的发展要求我们转换经济体制改革的视角，需要形成新思路。因此，十八届三中全会报告特别强调了“市场”的决定性作用，强调了法律规范的重大意义。同时指出“要紧紧围绕使市场在资源配置中起决定性作用，深化经济体制改革，坚持和完善基本经济制度，加快完善现代市场体系、宏观调控体系、开放型经济体系，加快转变经济发展方式，加快建设创新型国家，推动经济更有效率、更加公平、更可持续发展”。从这一个核心的改革方向出发，未来中国的自然资源、人力资源以及金融资源等要素，都会向市场化的目标前行。

从天涯论坛中抓取了 2013 年 1 月 1 日到 2014 年 1 月 15 日的相关数据，针对一些经济领域中的热点专题以及其中的热点帖子进行了深入的总结和分析，从而了解在经济领域改革过程中存在的热点事件以及相关的舆情。

4.1　经济领域热点专题分析

根据 2013 年 1 月～2014 年 1 月天涯论坛中的实际数据，针对经济领域改革热点专题的相关舆情热度的变化进行了统计分析，其中热点专题舆情热度变化趋势如图 4-1 所示。

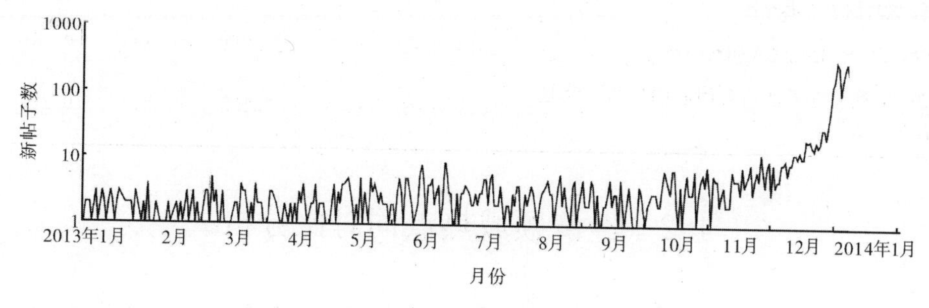

图 4-1　热点专题舆情热度变化图

如图 4-1 所示，2013 年 1 月 1 日到 2013 年 12 月初期间，网民对经济领域的关注度呈平稳状态，每天新增帖子不超过 10 篇。直至十八届三中全会召开后，网民对经济领域的关注度持续走高，每天新增的帖子都超过了 100 篇。说明十八届三中全会中经济领域的相关议题引起了网民的关注。其中，热度与参与度指标均以最大值归一化的方式进行了处理，即以$\frac{\text{最大热度值}}{\text{最大参与度值}}$为基础，对相关的专题内的$\frac{\text{热度值}}{\text{参与度值}}$进行了归一化处理。

从表 4-1 可知，经济领域的热点专题中货币问题、房价问题、经济体制问题、经济危机问题的负面指数和受众影响力相对较大。同时，根据本书定义的指标体系，对上述热点专题进行热度以及参与度的计算，从计算结果以及对这些问题的分类来看，民众关注的主要是国家的经济体制改革与发展核心问题。综上所述，本章从房价问题、货币问题、经济体制问题、经济危机问题四个专题对经济领域进行网络舆情的深入分析。

表 4-1 经济领域相关的十大热点专题

热点专题	发布时间	热度	参与度	负面指数	受众影响力
比特币不是货币革新，而是传销的典范!	2013-12-11	1	0.879	0.276	0.36
这次动真格了，2014 年底前房价将会出现 30%以上的跌幅!	2013-12-19	0.824	0.812	0.014	0.389
经济危机现死结 财政危机加剧楼市泡沫	2013-08-31	0.781	0.701	0.034	0.23
借比特币说一下货币的问题	2013-12-26	0.779	1	0.31	0.21
对于中国的房价问题，知名经济学家许小年怎么看?	2013-10-22	0.778	0.791	0.384	0.184
实体经济大萧条，中国经济空洞化	2013-12-11	0.763	0.527	0.004	0.646
经济体制改革是全面深化改革重点	2013-11-14	0.746	0.361	0.351	0.269
央行取消贷款利率管制 草根贷款人的坏消息 堤内的损失堤外补	2013-07-19	0.717	0.408	0.199	0.306
改革为什么总是让人如此心寒	2013-09-18	0.695	0.211	0.119	0.284
2014，崩溃论不是别有用心的广告，就是胡说八道	2014-01-03	0.690	0.257	0.184	0.271

4.2 经济领域热点词对比分析

经济领域改革一直是我国改革的重点，十七届三中全会上，政府大力强调农村经济改革，努力健全农村经济体制，争取在城镇化的道路上走地更快更稳。在2013 年的政府工作报告中，强化转型升级成为推动经济持续健康发展的重要工作。而在十八届三中全会报告中，政府则着力于经济方面的改革，同时处理好政府和市场的关系，使市场在资源配置中起决定性作用，并且更好地发挥政府作用。本节将十七届三中全会、2013 年政府工作报告和十八届三中全会中经济领域的热点词和词频进行了统计分析，其中统计出现次数（词频）较高的前 20 个作为关键词，针对这一些热点词的分布进行分析，其中热点词以及词频列入表 4-2。

表 4-2　三次报告中的热点词和词频

十七届三中全会		政府工作报告		十八届三中全会	
热点词	词频	热点词	词频	热点词	词频
农村	28	发展	64	经济	12
发展	19	经济	59	市场	11
金融	16	政策	32	政府	9
城乡	13	改革	26	制度	8
服务	11	结构	19	体制	6
农民	11	金融	19	发展	6
经营	10	投资	18	改革	5
农业	9	财政	18	资源	4
制度	9	环境	16	社会主义	4
改革	8	产业	16	非公有制	4
体制	8	消费	16	作用	4
城镇	6	货币	14	配置	4
管理	6	价格	12	体系	4
农民工	6	市场	11	公有制	4
公共	6	社会	11	企业	3
生产	6	风险	10	科学	3
保险	5	健康	9	统一	3
机制	5	体制	9	公平	3
产业	4	质量	9	市场经济	3
经济	3	赤字	8	所有制	2

从表 4-2 可知，在三次报告的热点词词频统计中，“改革”一词出现率最高，表明政府在不同阶段都持有同一个方向，那就是“改革”。从 35 年前改革开放提出后，“改革”就一直与国家发展和社会民生改善相伴随。同时，在表中的热点词频中可以看出，“体制”一词在两次三中全会中出现的频率较高，体现了政府在“经济领域对体制改革”的重视程度。从十七届三中全会到十八届三中全会的

五年时间里，政府的工作重点以及改革的方向虽然有所不同，但整体的改革思路和目标是一致的。从十七届三中全会中提出的以“三农问题”为核心的经济体制改革到十八届三中全会中深化经济体制改革，转变经济发展方式等，都体现了政府注重经济领域下的体制改革。

4.3　专题1：房价问题

房价问题一直是近几年的社会热点话题。对现今中国的房价形势和政策，民众众说纷纭。一边是一些人在喋喋不休地宣传“刚性需求”，一边是低收入百姓拼命感叹房价太高；一边在严查囤地并增加土地供应，一边不断出现屡创新高的“地王”等。加上中央和地方政府推出的一系列针对性措施，更使得房价问题成为热点问题的榜首。

潘石屹在“2013 三亚财经国际论坛”中这样评价中国房价问题：

“整个城市化的过程中间，产业人员的聚集都到城里面来了，可是我们的户籍没有跟上，房地产十几年出现的问题都是成长太快。”

同时，在互联网上，广大网民对“房价问题”展开了激烈的讨论，下面从网民热烈讨论的“房价问题”进行分析。

4.3.1　专题发展趋势

从“房价问题”专题下抽取出 7 个网民参与频次较多且存在着舆论快速增长趋势的帖子，每个帖子在 2013 年度变化与发展的趋势如图 4-2 所示。

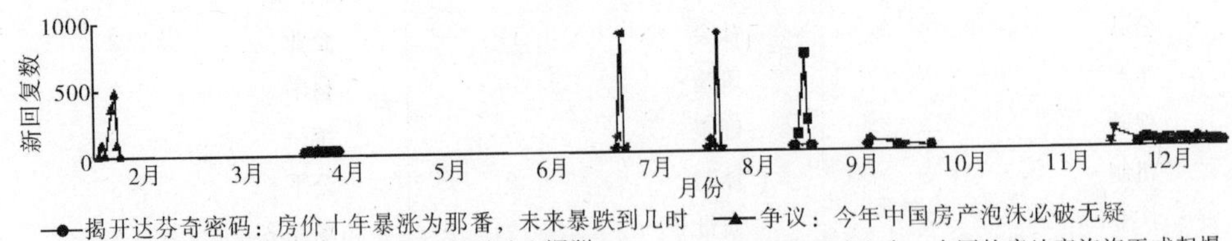

图 4-2　2013 年“房价问题”专题趋势图

如图 4-2 所示，2013 年 1 月 30 日，网民“上官飞鸿新浪博客”在天涯论坛发表了一篇名为“争议：今年中国房产泡沫必破无疑”的帖子，引起了大量网民的关注。随后在 2013 年 7 月 5 日、2013 年 8 月 2 日和 2013 年 8 月 28 日，网民

“老农今年又白忙 1”、“王伯达-台湾”和“重庆半兽人”分别在天涯论坛发表了帖子“老农正式宣布，中国的房地产泡泡正式起爆”、“中国房产未来走势已明确，亚洲资产泡沫定破灭”和“QE 退出后，中国房价是一飞冲天，还是坠入深渊?”。这三个帖子掀起了网民讨论房价问题的新高潮。将这些帖子作为一个舆情热点案例，对该热点专题的结构特征和传热特征进行深入分析。

在帖子的专题传播过程中，大量的网民针对帖子所表达的观点进行了回复，其中，也产生了一些颇具影响力的新观点，并引发了网民的关注和讨论。下面对“房价问题”的观点进行分析。

4.3.2　观点分类与观点列表

通过上述的网络数据信息，针对网民在回复过程中的观点挖掘与倾向进行语义的处理，形成了本话题内的核心观点。

1. 专题主要观点挖掘列表

分析此专题中网民在帖子中发表的全部言论，参考十八届三中全会报告中涉及的热点话题以及相关的算法处理，经过文本清洗、语义分析、观点聚类这三个核心步骤，提取出 10 个核心观点，持有这 10 个观点的用户分别占整个用户分布的比例数据如图 4-3 所示。

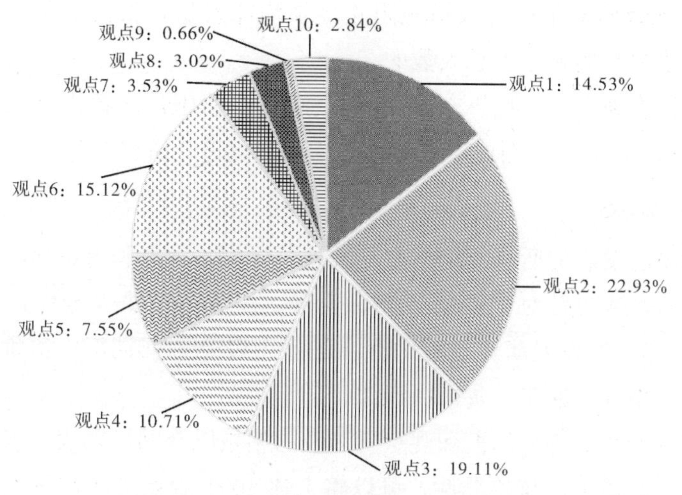

图 4-3　房价热点话题观点比例示意图

图 4-3 中，相应的观点分别为：

观点 1：中国人多地少，买房的人多，土地稀缺价高，房价不会跌。持有该观点的人数占总人数的14.53%。

观点2：政府未对房地产市场进行调控，考虑到共同利益，同时为了抵御通货膨胀，开发商套住政府，放松了房地产市场中的投机倒把。持有该观点的人数占总人数的22.93%。

观点3：房价都是货币现象，政府采用出口退税导致人民币被动发行，人民币贬值，房价疯狂上涨，情形不容乐观。持有该观点的人数占总人数的19.11%。

观点4：政府主导经济，房市是否能用供求关系解释。持有该观点的人数占总人数的10.71%。

观点5：房价增长可能推动现实和潜在购买力（M2）增长，同时M2会影响房价。持有该观点的人数占总人数的7.55%。

观点6：中国房价泡沫越来越大，房价崩溃，经济衰退。持有该观点的人数占总人数的15.12%。

观点7：房价上涨过快导致普通百姓难以生存，对未来失去希望。持有该观点的人数占总人数的3.53%。

观点8：随着城镇化的增加，刚性需求增多，房价将会继续涨。持有该观点的人数占总人数的3.02%。

观点9：市场经济应该自我调节，政府不必过于干涉，通过实体经济增长消化楼市泡沫。持有该观点的人数占总人数的0.66%。

观点10：政府应采取有效措施阻止经济泡沫发生，根治房价上涨，以民生为重。持有该观点的人数占总人数的2.84%。

其中，持有观点1、观点2、观点3及观点6的用户人数占参与本专题总人数的比例高达71.69%，因此应该着重对这些观点进行研究与分析。

2. 观点分类

通过网民已发表的所有评论内容，统计分析相关观点和讨论所涉及的热点词汇、重要领域，通过针对文本的分词、去噪、清洗、过滤等操作，聚合出关于“房价问题”专题的发展演化过程中存在的8个观点特征词汇：房价、政府、经济、城镇化、投资、通胀、货币、泡沫。

根据观点涉及的特征词汇和观点所涉及的领域以及网民发表的各个观点内容本身之间存在的相关性与差异性，可以将上述10个观点进一步聚类分析后，可以分解为以下三大类：

1）分类观点一：政府未进行市场调控，导致房价上涨

此分类观点包含了三个关键特征词：政府、经济、货币。对应的观点包括：

观点 1：中国人多地少，买房的人多，土地稀缺价高，房价不会跌。

观点 2：政府未对房地产市场进行调控，考虑到共同利益，同时为了抵御通货膨胀，开发商套住政府，放松了房地产市场中的投机倒把。

观点 3：房价都是货币现象，政府采用出口退税导致人民币被动发行，人民币贬值，房价疯狂上涨，情形不容乐观。

观点 4：政府主导经济，房市是否能用供求关系解释。

2）分类观点二：房价上涨将导致经济衰退、百姓生存艰难

此分类观点包含了以下三个关键特征词：泡沫、通胀、城镇化，对应的观点包括：

观点 5：房价增长可能推动 M2 增长，同时 M2 会影响房价。

观点 6：中国房价泡沫越来越大，房价崩溃，经济衰退。

观点 7：房价上涨过快导致普通百姓难以生存，对未来失去希望。

观点 8：随着城镇化的增加，刚性需求增多，房价将会继续涨。

3）分类观点三：政府应采取有效措施控制房价，一切从老百姓的利益出发

此分类观点包含了以下几个关键特征词：房价、政府、经济、投资。相应的观点包括：

观点 9：市场经济应该自我调节，政府不必过于干涉，通过实体经济增长消化楼市泡沫。

观点 10：政府应采取有效措施阻止经济泡沫发生，根治房价上涨，以民生为重。

持有这三大类观点的用户分别占整个用户分布的比例数据如图 4-4 所示。

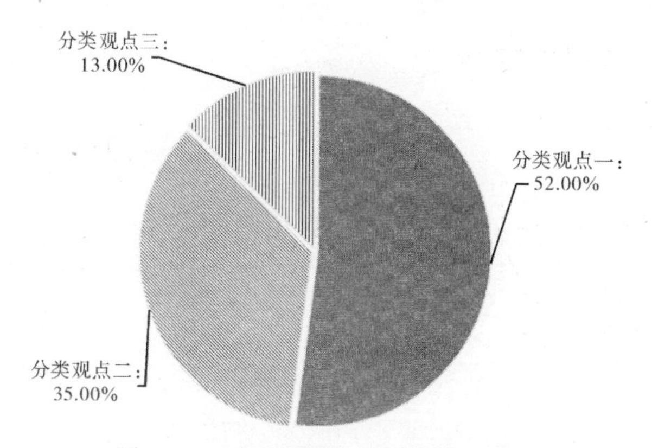

图 4-4　“房价问题”观点分类比例图

由图 4-4 可知，在参与“房价问题”讨论的网民中，提出的观点绝大多数集中在政府未能有效调控而导致房价上涨方面，可见在房价一直持续攀高的过程

中，多数网民认为政府未能采取有效的措施来控制房价。大多数网民认为房价是决定一个国家经济的主要因素，房价的崩塌意味着国民经济的衰退，因此政府考虑到国家经济形势以及利害共同体，对房价的上涨采取温和态度，并出台一系列的房价调控政策。

其次，网民关注的另一热点是房价泡沫带来的经济灾难。大多数网民认为目前刚性需求仍在增加，房价上涨是必然趋势，与此同时，房价上涨带来的泡沫效应将会越来越大，最终会导致经济衰退。另外一部分网民认为，房价上涨让普通的老百姓拥有自己的住所显得遥不可及，大部分人及时拼命工作也很难付得起首付，对未来失去希望。

还有一小部分的网民对房价上涨提出了一些措施，如通过实体经济增长来消化楼市泡沫；政府加强反腐制度建设，从根本上杜绝政府和房地产开发商的暗自勾结等措施。

3. 观点分类详细分析

为了更好地从宏观向微观的深入分析，本节对每一个分类观点内的网络用户分布以及网络民意进行了进一步的分析，希望通过网络用户真实的反馈信息来反映他们对这一些问题的思考与建议：

1）分类观点一：政府未能进行市场调控，导致房价上涨

在进一步的数据分析与研究中，对网民在整个专题内的深入观点进行梳理与分析，其中在本分类观点中，还存在 4 个细分的子观点，相关详细子观点的人群分布比例如图 4-5 所示。

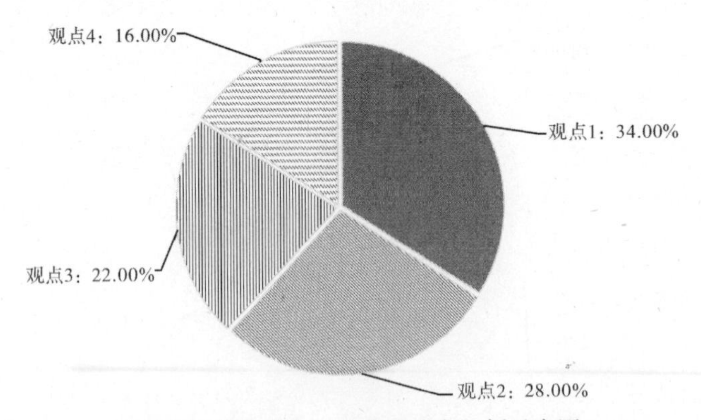

图 4-5　分类观点一细分子观点比例示意图

观点 1：34％的网民认为政府未对房地产市场进行有效调控，开发商套住了政府考虑到共同利益，政府放松了房地产市场中的监管。因此，特别注意防止地

产泡沫对经济造成毁灭性灾难，抵御通货膨胀。政府在对房地产市场进行调控的过程中，采取了温和策略，因此房价一直只涨不跌。如网民“上官飞鸿新浪博客”所说：

“在房地产价格体系中，土地价格、各种税费及其他隐性费用占据了相当大的一部分，这部分费用最终基本都流向了地方政府，所以高房价的背后还隐藏着一个幕后推手。多年来这个幕后推手利用各种政策及优惠措施诱使开发商在其操纵下进行超前发展和过度开发，一步一步地推高房价，再一步一步地推高地价！最终绝大多数开发商承担一定的风险后赚到了大钱，而那个幕后推手动动嘴、画画圈同样赚到了大钱。”

观点 2：28％的网民认为：房价都是货币现象，政府采用出口退税导致人民币被动发行，人民币贬值，房价疯狂上涨，情形不容乐观。如网民“上官飞鸿新浪博客”所说：

“随着资本流入导致房价等资产的疯狂上涨，已经超出了国民承载力，房价面临下跌预期的形成就会让资本感觉到中国资产安全与美国资产安全的可比性，美联储 QE 缩减是量化宽松的反向操作，那么会刺激资本流出减少，同时有可能刺激资本回流美国本土。”

观点 3：22％的网民认为中国人多地少，买房的人多，土地稀缺价高，房产绑架过多货币，中国房价不会跌。人多地少一直是制约中国发展的基本国情，房地产绑架了过多的货币，导致房价决定了经济走向。

观点 4：16％的网民认为政府主导经济，房市是否能用供求关系解释。其中一部分人认为房市就是由供求关系决定的，买房的人多自然导致了房价的不断走高；而另一部分认为房市完全不能用供求关系解释。如网民“上官飞鸿新浪博客”所说：

“整个房地产市场基本是由买方、卖方、政府、资本方共同左右，而不是仅仅由供求关系决定。资本方有时是买方，有时又是卖方，有时通过买入获利，有时也通过卖出砸盘，因为他们的一切行动都走在普通投资者之前，反反复复只为套钱，至于价格涨跌都是手段；政府一方是无本万利方，他真正关心的不是买方获利还是卖方获利，而是要保证市场要是一个活跃的市场。”

2）分类观点二：房价上涨将导致经济衰退、百姓生存艰难

在本观点的进一步数据分析与研究中，对网民在该分类观点内的细分子观点进行了梳理与分析，其中存在 4 个主要的细分子观点，这些细分子观点所反映的内容如图 4-6 所示。

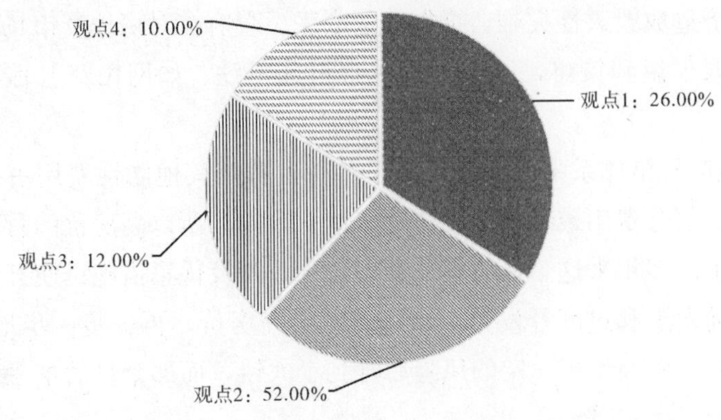

图 4-6　分类观点二细分子观点比例示意图

观点 1：52%的网民认为中国房价泡沫越来越大，房价即将崩溃，经济也将衰退。近年来，一二线城市房价涨幅过高已经形成了楼市泡沫，如果任由其发展，泡沫将就会涨破，房价面临崩溃。如网民“上官飞鸿新浪博客”所说：

“谢国忠自今年开始预测由房地产主导的中国经济无法长久，泡沫将破灭，可以说是崩溃论的鼻祖兼掌门人，谢的理论原理很简单，他的基础就是受过西方经济学正规训练的人都耳熟能详的周期理论，再加上中国大陆经济体特殊的结构性缺陷，中国将进入漫长的滞涨期，经济将持续衰退，而且由于经济体的先天不足，将很难进行自我修复。”

观点 2：26%的网民认为房价增长可能推动 M2 增长，同时 M2 会影响房价。M2 反映了现实和潜在的购买力。如网民“重庆半兽人”所说：

“M2 和房价正相关系数。在中国，M2 是投资的原动力，投资是中国经济增长的三驾马车之首，M2 的快速增长，带动了 GDP 的增长，房地产及关联产业投资是中国投资的重要组成，M2 的快速增长，首先就是推动房地产及相关产业的快速发展。”

观点 3：12%的网民认为房价上涨过快导致普通百姓难以生存，对未来失去希望。依现在的房价来看，普通老百姓即使累死累活的工作也无法拿出房子的首付，即使支付了首付，高月供这很多怀揣梦想的人成为房奴。

观点 4：10%的网民认为随着城镇化的增加，刚性需求增多，房价将会继续涨。在城镇化步伐继续加快的形式下，房屋需求将会增多，在如此刚性的需求下，房价不会下跌。

3）分类观点三：政府应采取有效措施控制房价，一切从老百姓的利益出发

在本观点的进一步数据分析与研究中，对网民在该分类观点内的细分子观点

进行了梳理与分析，其中存在 2 个主要的细分子观点，这些细分子观点所反映的内容如图 4-7 所示。

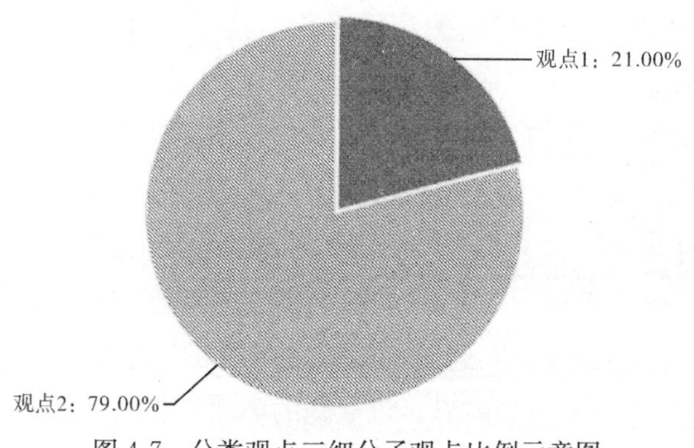

图 4-7　分类观点三细分子观点比例示意图

观点 1：79％的网民认为政府应采取有效措施阻止经济泡沫发生，根治房价上涨，以民生为重。只要政府下定决心整治房地产市场，房价仍在可控制的范围。如网民“巨大猫头鹰”说：

“天大地大政府最大，至少国内市场政府几乎有全部的掌控权。”

观点 2：21％的网民认为市场经济应该自我调节，政府不必过于干涉，通过实体经济增长消化楼市泡沫。如网民“飞一样的爱情”所说：

“目前中国的现状就是向高经济层次发展的必经阶段，市场经济就是这么残酷，有牺牲在所难免，所有的市场个体都应该管好自己的事情，不应该对政府有非分之想。”

4. 观点总结

近年来房价不断攀升，使普通民众的生活和精神压力增大。房价的攀升的确能刺激经济发展，但是如果一味地攀升，房产泡沫将会为经济带来巨大打击。因此，政府应该出台更加有效的法律政策，让房地产市场趋于理智，让房价趋于合理。

4.3.3　专题传播趋势

专题的传播趋势反映了事件传播影响的生命周期，在整个研究过程中，专题信息的传播一方面反映可能出现的异常拐点，这一些拐点也许是事件突然爆发而引起了极大的关注所致，另一方面，也反映出了其在传播过程中的所有相关的特征，特别是专题在网络传播中的影响力与流量，而这一些特征对进一步分析网络舆情中的变化将产生重要的作用。

1. 影响力

在 2013 年一年的时间周期内，针对房价问题这一个专题的舆情分析，研究热点事件在整个过程中随着时间的演化过程。其中针对“房价问题”的讨论在 7 月、8 月和 9 月上旬达到了高峰。通过分析专题涉及的帖子可以看出，网民“老农今年又白忙 1”在 7 月 5 日发表了名为“老农正式宣布，中国的房地产泡泡正式起爆”的帖子，该帖一经发表就引起了网民激烈的反响。随后，网民“王伯达-台湾”在 8 月 2 日发表了帖子“中国房产未来走势已明确，亚洲资产泡沫必定破灭”，网民“重庆半兽人”在 8 月 28 日发表了帖子“QE 退出后，中国房价是一飞冲天，还是坠入深渊?”这两个帖子也吸引了大量网民的关注，同时把对房价问题的讨论推上一个新的高峰。该专题的舆情趋势从用户对事件的响应日流量清晰地看出这一专题的演化过程，如图 4-8 所示。

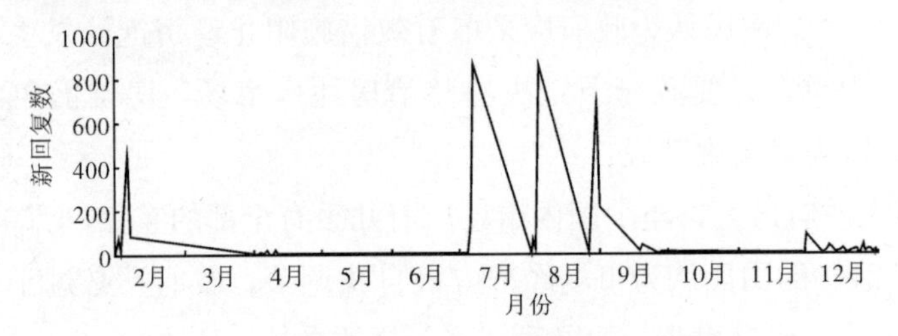

图 4-8　2013 年专题日流量时间趋势图

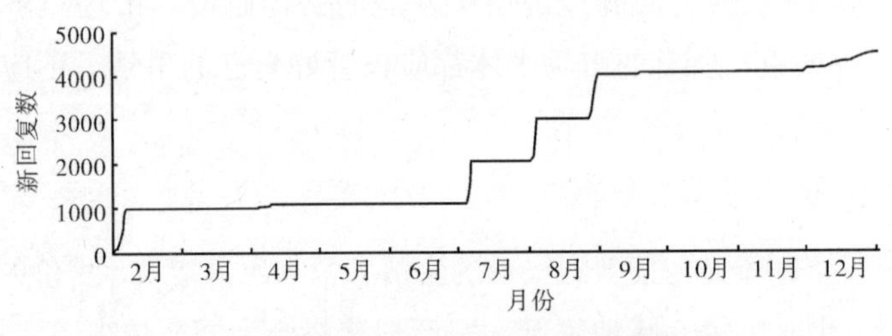

图 4-9　2013 年专题总流量时间趋势图

另外，从图 4-9 可知，房价问题的讨论中，过滤掉一些重复无意义的回复内容后，剩下可以反映网络民意的有意义的回复数已达到 4500 条左右。从 9 月初开始，增长趋势渐进平缓，说明该专题已接近尾声。

2. 传播情感分析

通过 Hownet 建立的一个有效的中文情感词库，通过对该专题内所有的帖子以及回复留言的内容进行分词与情感语义的处理之后，发现网民对房价问题的讨论起初是负向情感占多数，一直到 8 月初新帖的出现使得正向情感占据了主要的地位。这种正向的信息传递出网民对房价可能会下降的支持与认可。到目前为止，虽有波动，但一直是支持房价可能会下降的观点人数居多。整个专题的情感变化（拐点）如图 4-10 所示。

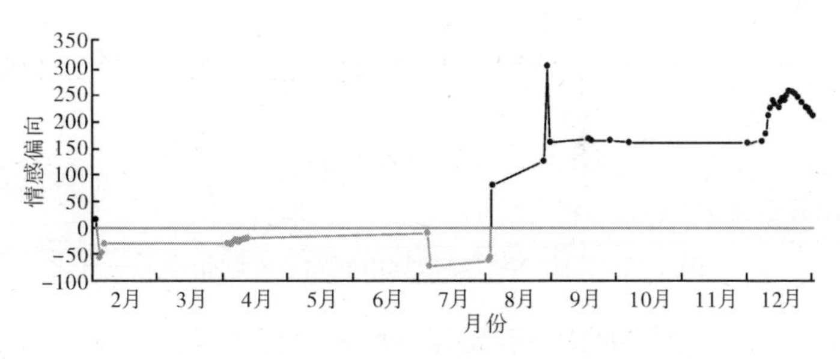

图 4-10　2013 年专题情感变化（拐点）图

4.4　专题 2：虚拟货币问题

货币产生以来，对人类生活产生的重要影响是显而易见的。从货币的功能来看，一方面，货币一是降低了产品交换成本，提高了交换效率；二是降低了价值衡量和比较的成本，为实现产品交换提供了便利；三是提供了最具流动性的价值贮藏形式，丰富了贮藏手段。货币已成为推动经济发展和社会进步的特殊力量，并且在整体经济社会运行中发挥着重要作用。但另一方面，随着互联网技术与应用的深入发展，盈利模式得以不断地拓展，很多成功的企业都将目光投向了个人网络用户，于是有的把原本线下销售的产品搬到了线上（如杀毒软件），有的从一开始就是线上的产品（如网络游戏），有的则在原有业务的基础上拓展了增值服务（如彩铃）等。有了在线上销售的产品，自然就产生了支付的问题，于是，网上银行、手机、座机、宽带账户、虚拟卡等各种各样的支付手段都派上了用场。产品线较广泛的厂商往往还会推出自己的“替代币”（如新浪 U 币、金山币等）以便于在不同的产品中流通。随着虚拟货币可以支付的产品范围的扩大，虚拟货币也被推向了社会舆论的风口浪尖。

4.4.1　专题发展趋势

在互联网上，广大群众对于“虚拟货币问题”也展开了激烈的讨论，图 4-11 是“虚拟货币问题”专题下有着较多网民参与且有着迅速增长趋势的帖子，本节从这几个帖子对专题进行分析。

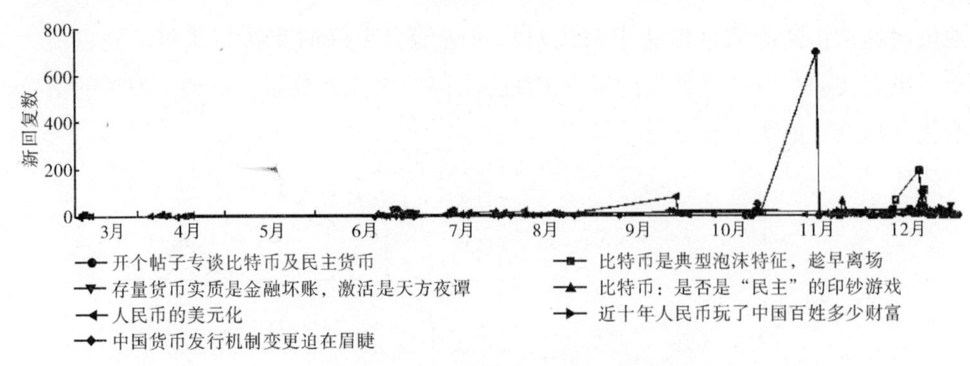

图 4-11 2013 年“虚拟货币问题”专题趋势图

2013 年 10 月 25 日，网民“xv2gang1”在天涯论坛发表了一篇名为“开个帖子专谈比特币及民主货币”的帖子，该帖子一经发表，就吸引到大量网民的关注和参与。随后在 2013 年 11 月 26 日和 2013 年 12 月 13 日，网民“清新普渡猪”和网民“imchillkthx”也分别在天涯论坛发表了帖子“比特币：是否是‘民主’的印钞游戏”和“比特币是典型泡沫特征，趁早离场”。将这些帖子作为一个舆情热点案例，对该热点专题的结构特征和传播特征进行深入分析。

在帖子的专题传播过程中，大量的网民针对所发表帖子的观点进行了回复。其中，也产生了一些新的且具有一定影响力的观点，并引发了网民的关注和讨论，尽管新观点基本还是发帖者的观点延伸，体现了网民们讨论的内聚性和聚焦性。下面对“虚拟货币问题”的观点进行分析。

4.4.2 观点分类与观点列表

通过上述的网络数据信息，针对网民在回复过程中的观点挖掘与倾向进行语义处理，形成了本专题的核心观点。

1. 专题主要观点挖掘列表

分析此专题中网民在帖子中发表的全部言论，参考十八届三中全会报告中涉及的热点话题以及相关的观点挖掘与倾向进行语义的处理，经过文本清洗、语义分析、观点聚类这三个核心步骤，提取到的 7 个核心观点，这 7 个观点占整个用户分布的比例数据如图 4-12 所示。

图 4-12 中，相应的观点分别为：

观点 1：比特币将成为主权货币之外的另一种可接受的世界性货币。持有该观点的人数占总人数的 20.29%。

观点 2：比特币最终会成为一种世界通用的主流货币。持有该观点的人数占总人数的 13.37%。

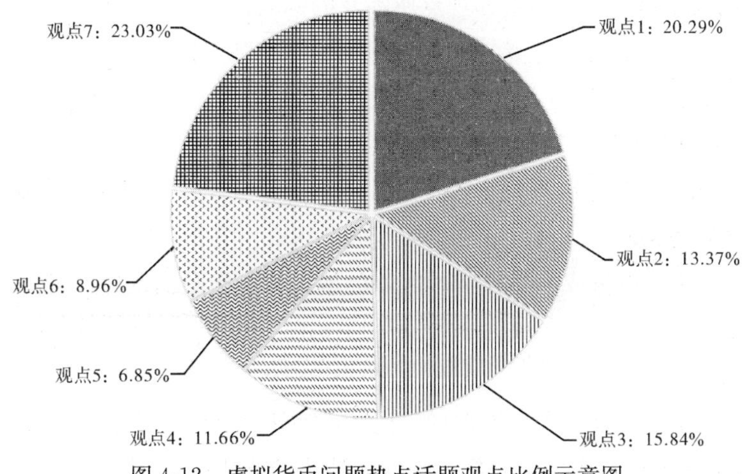

图 4-12　虚拟货币问题热点话题观点比例示意图

观点 3：比特币是一个庞氏骗局，比特币泡沫终将破灭，迟早玩完。持有该观点的人数占总人数的 15.84%。

观点 4：中国不应该承认比特币是合法的货币。持有该观点的人数占总人数的 11.66%。

观点 5：政府应该承认比特币的合法性。持有该观点的人数占总人数的 6.85%。

观点 6：比特币可能会对中国的金融安全造成冲击。持有该观点的人数占总人数的 8.96%。

观点 7：比特币的相关风险尚达不到冲击我国金融体系的程度。持有该观点的人数占总人数的 23.03%。

综上可以看出，讨论最热门的三个观点分别是：观点 1、观点 2 和观点 3，且持有观点 1、观点 2、观点 3 的用户人数占参与本专题总人数的比例高达 49.5%。其次，观点“比特币最终会成为一种世界通用的主流货币，取代各国主权货币在全球通行”和观点“中国不应该承认比特币是合法的货币”也引起了较多的讨论。由此说明，人们对比特币的未来、在中国的合法性以及对中国金融体系的影响等都较为关注，期望政府给予较多的关注并做好的指引。因此，着重对这一些观点进行研究与分析。

2. 观点分类

通过网民已发表的所有评论内容，统计分析相关观点和讨论所涉及的热点词汇、重要领域，通过针对文本的分词、去噪、清洗、过滤等操作，聚合出关于“虚拟货币问题”专题的发展演化过程中存在的 9 个观点特征词汇：比特币、主权货币、主流货币、泡沫、价值、合法性、金融安全、金融体系、风险。

根据观点涉及的特征词汇和观点所涉及的领域以及网民发表的各个观点内容本身之间存在的相关性与差异性，可以将上述 7 个观点进一步聚类分析后，分解为以下三大类：

1）分类观点一：比特币的未来预见

此分类观点包含了以下几个关键特征词：比特币、主权货币、主流货币、泡沫，对应的观点包括：

观点 1：比特币将成为主权货币之外的另一种可接受的世界性货币。

观点 2：比特币最终会成为一种世界通用的主流货币，取代各国主权货币在全球通行。

观点 3：比特币是一个庞氏骗局，比特币泡沫终将破灭，迟早玩完。

2）分类观点二：中国是否应该承认比特币的合法性

此分类观点包含了以下几个关键特征词：价值、合法性，对应的观点包括：

观点 4：中国不应该承认比特币是合法的货币。

观点 5：政府应该承认比特币的合法性。

3）分类观点三：比特币对中国货币体系的影响

此分类观点包含了以下几个关键特征词：金融安全、金融体系、风险，对应的观点包括：

观点 6：比特币可能会对中国的金融安全造成冲击。

观点 7：比特币的相关风险尚达不到冲击我国金融体系的程度。

上述分类观点的用户分布比例如图 4-13 所示。

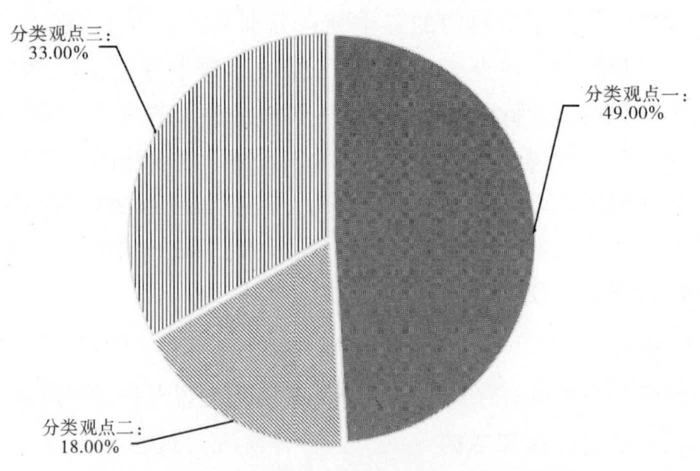

图 4-13 “虚拟货币问题”观点分类比例图

从图 4-13 可知，在参与“虚拟货币问题”讨论的网民中，有 49％的网络用户将注意点放在比特币的未来预见方面，其中大多数人认为比特币将成为主权货币之外的另一种可接受的世界性货币，甚至可能完全取代各国主权货币而成为世界通用的主流货币，只有少量的人认为比特币是“被炒作的泡沫”，没有未来。政府应该着重关注这方面，给予民众正确的引导，以免造成重大的经济损失，影响社会的和谐稳定。

其次，18％的网民将自己关注的重点放在中国是否应该承认比特币的合法性方面。大部分网民认为比特币在我国没有发挥出货币的核心支付功能，而是正被包装成一种投资品，不应该承认它是合法的货币。其他用户认为比特币易于储存、难于盗窃、难于造假的特性赋予其巨大价值，在很多国家已经可以合法使用，政府应该承认其合法性。

最后，有 33％的网民针对比特币可能对中国的货币体系产生的影响进行了讨论，认为比特币的不可监控性，使其无法通过法律全面禁止，并有可能会对中国的金融安全造成冲击。而大部分网民则认为比特币的总量较小，交易市场规模有限，各金融机构也没有直接参与比特币的交易和投资活动，因此，比特币的相关风险尚达不到冲击我国金融体系的程度。

3. 观点分类详细分析

为了更好地对相应的观点分类进行深入的分析，本节对每一个分类观点内的网络用户分布以及网络民意进行了分类处理，希望通过网络用户真实反馈的信息来反映他们对这一些问题的思考与建议：

1）分类观点一：比特币的未来

在进一步的数据分析与研究中，对网民针对“比特币的未来”主题内的深入观点进行梳理与分析，其中在本分类观点中，还存在 3 个细分的子观点，这些细分的子观点所反映的内容如图 4-14 所示。

观点 1：41％的网民认为比特币将成为主权货币之外的另一种可接受的世界性货币。任何一个新事物，在其成熟之前都有一个曲折的过程。比特币也是，有些网民认为通过逐渐的规范与改进，它将成为主权货币之外的另一种可接受的世界性货币。如网民“视角 90 度”所说：

“一个事物，从不被认可到被认可的过程，就是价值发现和价格上涨的过程。房子如此，股票如此，黄龙玉如此，比特币亦如此。当这个帖子的点击量过百万时，比特币的价格也就差不多到位了。比特币或将有一席之地。美国政府停摆是

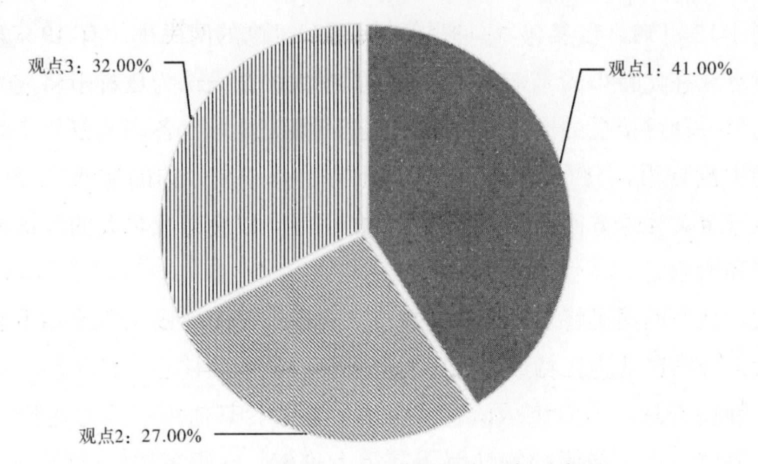

图 4-14　分类观点—细分子观点比例示意图

由于钱不够花，投票机制促使两党互掐；最大特色在于 M2 提款权完全在于 ZF，提款机制模棱两可，臣民随时被无理由无节操拔毛，比特币则无此问题，没有绑架没有拔毛，是最大的公平与民主。但替代全球现有法币，实质是在消亡各国政府强制力，但是技术拆解，而非革命输出。据报道德国已承认比特币的合法性，不知德国出于怎样的考量，但有一点可以明确，比特币将成为一种新生的资本避风港，并提供了流向德方的一种渠道。比特币的理想币值与现实市场币值决定了其不可能完全取代法币，就像一国不会发行币值数倍高于流通需求面额的货币一样。其次，获取比特币的方式是货币交易，而不是劳动价值定价结算交易。再者，人类进步的本质伴随着技术的发展创新，就像'上帝粒子'的发现一样，没有人能确定比特币不会被技术破解或者被创新革新，倘若完全替代法币，这种系统风险是全球毁灭性的，而法币的强制力保证是比特币无法比拟的。可以预见的是，在相当长的时间里，比特币或将有一席之地，畅行于世界，辅币于各国法币，其中财富，必定惊人。"

观点 2：27%的网民认为比特币最终会成为一种世界通用的主流货币，取代各国主权货币在全球通行。比特币由于其保密性、便携性、易储存性、流通性和易交易的特性，部分网民认为其最终会成为一种世界通用的主流货币，取代各国主权货币在全球通行。如网民"清新普渡猪"所说：

"假设社会都使用比特币结算，因为其数字特性，面对经济增长造成的流动性需求，比特币并不需要进行增发。因为比特币可以结算到小数点后 N 位，通过对商品价格的细化（以前结算精确到 0.1 元，现在到 0.01 元），就可以解决流动性的问题（挪一个小数点，就增加了流动性）。"

观点 3：32％的网民认为比特币是一个庞氏骗局，比特币泡沫终将破灭，迟早玩完。也有不少网民认为比特币的价值就和炒房一样，是被一部分人炒起来的。泡沫终将破灭，投资比特币需谨慎。如网民“锐志途观”所说：

“其实稍为分析都会明白，比特币是个骗局，开发者（或称为开发团体）是获益最大的操纵者，你们这些玩家没有人能比那些最先玩的人拥有更多的比特币，这个程序先天设定了它的受益者呈金字塔分布，你们后加入的玩家只能在金字塔底层为比特币的价格抬轿，越多人加入价格越高，顶层的受益者越容易成为亿万富豪。”

2）分类观点二：中国是否应该承认比特币的合法性

在本分类观点的进一步数据分析与研究中，发现该分类观点下还存在着 2 个主要的细分子观点，这些细分子观点所反映的内容如图 4-15 所示。

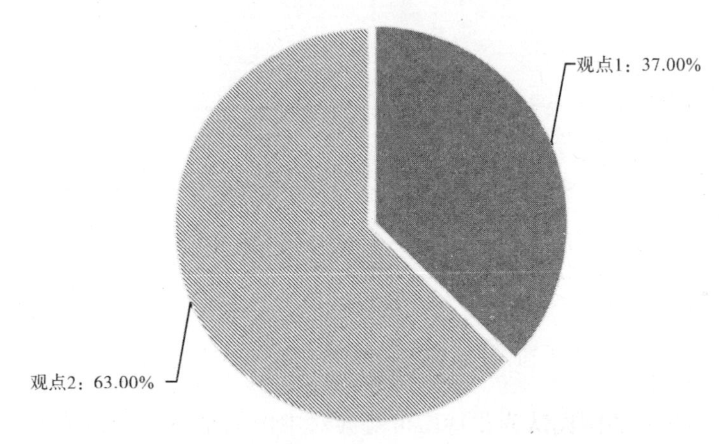

图 4-15　分类观点二细分子观点比例示意图

观点 1：37％的网民认为中国不应该承认比特币是合法的货币。许多网民认为比特币在我国没有发挥出货币的核心支付功能，而是正被包装成一种投资品，不应该承认它是合法的货币。如网民“清新普渡猪”所说：

“承认比特币＝民主印钱＝通货膨胀。那么，国家如何解决比特币带来的通胀呢？想当然的一个做法就是干脆只使用比特币。但是货币是国家最有利的武器，它不可能放手不管。再者，如果承认比特币合法性的国家都只使用比特币，那不就全球一统了（像欧盟一样）？另一个实际点的做法就是回收比特币，把它像黄金一样作为储备，不让其流通。但是如果真的要通过限制比特币流通来解决通胀，那从一开始就不应该承认其合法性。”

观点 2：63％的网民认为政府应该承认比特币的合法性。许多网民认为比特币易于储存、难于盗窃、难于造假的特性赋予其巨大价值，在很多国家已经可以合法使用，政府应该承认其合法性。如网民“xv2gang1”所说：

“5年来比特币经过了无数黑客的洗礼依然屹立不倒，是其强壮性的最佳证明。全世界都只用一个货币，才是成本最低的。既然比特币的强壮性已经经过证实了、交易平台成熟了、使用比特币收费的店也越来越多了，其他民主货币替代比特币的机会就越来越少了。这正应了互联网时代快鱼吃慢鱼的基本法则。”

3）分类观点三：比特币对中国货币体系的影响

在本分类观点的进一步数据分析与研究中，发现该分类观点下还存在着两个主要的细分子观点，这些细分子观点所反映的内容如图4-16所示。

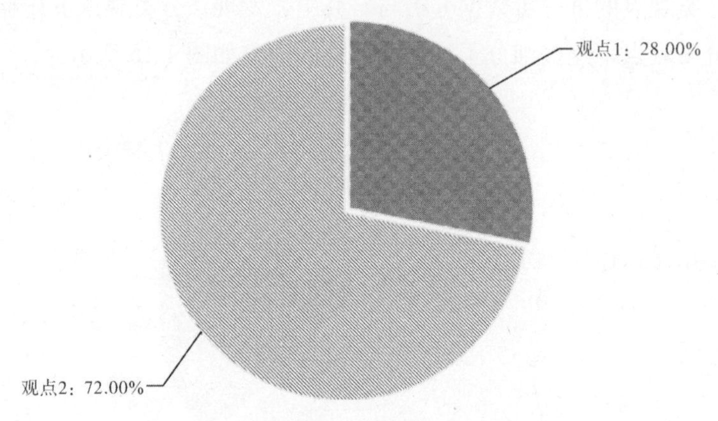

图4-16　分类观点三细分子观点比例示意图

观点1：28%的网民认为比特币可能会对中国的金融安全造成冲击。比特币的不可监控性，无法通过法律禁止等特性，使得它可能会对中国的金融安全造成冲击。如网民“一笔沉浮”所说：

“感觉这是一个局，一个做空中国的局，比特币理论基石是其稀缺性，可是理论是否严格成立？另外早期大量比特币在西方，一旦开放人民币与比特币互换，那么大量比特币会流通到中国，如果这时候西方不承认比特币合法性，比特币就会崩盘，我们得到的仅仅是一对没用的虚拟货币，但损失的可是实打实的货币基础。”

观点2：72%的网民认为比特币的相关风险尚达不到冲击我国金融体系的程度。由于比特币的总量较小，交易市场规模有限，各金融机构也没有直接参与比特币的交易和投资活动，因此，比特币的相关风险尚达不到冲击我国金融体系的程度。如网民“椰子花生”所说：

“中国和日本现在是最大的交易市场，几乎占了 70％～80％，但究竟是多少，椰子看过一个有关比特币的持币分析数据，似乎也很能说明这个问题。而流通中的比特币如果数量下降，则价格必然会上涨。反之，则价格必然会下降。因此，问题就在于，究竟流通需要多少的比特币？从中日欧美等几大货币发行集团发行的货币量来看，比特币的流通量并不是很大。”

4. 观点总结

十八届三中全会报告中明确提出经济问题是全党全国工作的重中之重，而货币问题是经济运行的重要环节。通过对“开个帖子专谈比特币及民主货币”、“比特币：是否是‘民主’的印钞游戏”和“比特币是典型泡沫特征，趁早离场”等相关帖子进行的数据统计和分析可以看出，广大草根网民也对“货币问题”保持了较高的关注度和讨论参与度，有 49.5％的网民关注的重点是比特币的未来，政府需要及时地给广大民众做出正确的指引，以免造成大量的经济损失；有 18.5％的网民关注的重点是中国是否应该承认比特币的合法性，比特币有其可取之处，也有令人担忧的方面，到底是否该承认其合法性政府应该谨慎做出决定；剩余 32％的网民则把关注点放在比特币对我国金融体制的影响之上。

比特币的价值是独有的。这种体系可能才刚刚开始发展。如果它可以建立自己的价值和投资者的信心，并且保持足够长的时间，最终有可能转换成一种真正的货币的。并成为可靠的交易媒介和价值指标。即使它们只是用来衡量商品价值，比特币也可能能成为一种真正的、无政府的虚拟货币，而这需要凭借它自身运作的机制获取的信心。尽管也可能会产生危机，但是经过系统风险测试后，或许可以找到更加有效的监管方式，使得虚拟货币代表的网络金融得到规范化的发展。

4.4.3　专题传播趋势

专题的传播趋势也反映出了该专题内的事件传播影响过程的生命周期。在整个研究过程中，专题信息传播出现的异常拐点往往反映了某个事件突然爆发而引起了网民极大的关注，另外，专题在网络传播中的影响力与流量也反映出了其在传播过程中的相关特征。

1. 影响力

利用 2013 年全年的数据来分析研究该专题内的热点事件随着时间的演化过程。其中，网民对虚拟货币问题的讨论在 11 月份达到了峰值。通过分析该专题下的帖子，可以得出用户“xv2gang1”在 10 月 24 日发表了名为“开个帖子专谈比特币及民主货币”的帖子，该帖子在11月17日的时候出现了大的波动，受到了大量网民的关注和回复，使得对虚拟货币问题的讨论达到了第一次高峰。随后网民“清新普渡猪”在11月26日发表了帖子“比特币：是否是‘民主’的印钞游戏”，网民“imchillkthx”在12月13日发表了帖子“比特币是典型泡沫特征，趁早离场”，这两个帖子的出现把针对虚拟货币问题的讨论又推向了新的高峰。该专题内事件的响应日流量数据可以清晰地看出这一专题的演化过程，如图4-17所示。

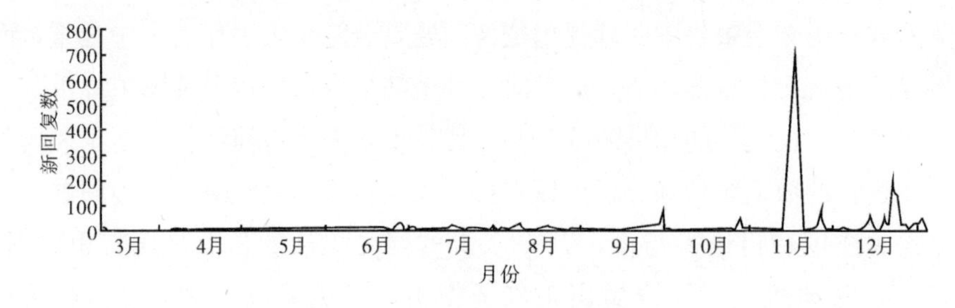

图4-17　专题日流量时间趋势图

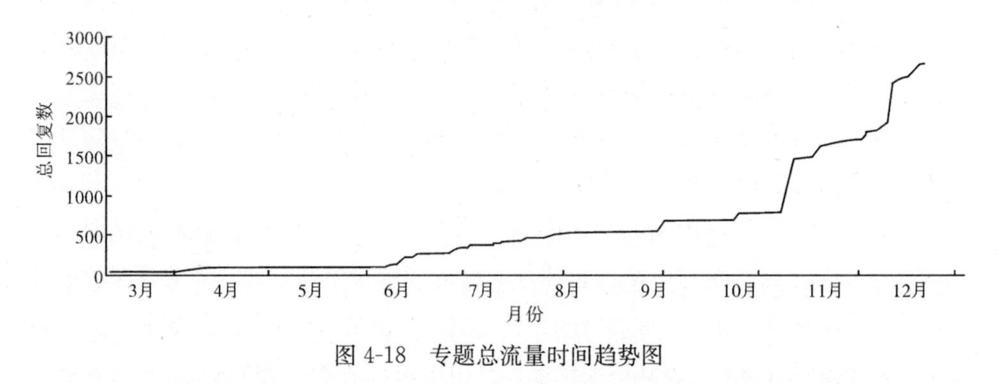

图4-18　专题总流量时间趋势图

另外，从图4-18专题的用户参与的总流量趋势图可以看出，过滤掉一些重复无意义的回复内容后，针对虚拟货币问题的讨论中有意义的回复量已达到2750条左右，从6月开始受到关注后，增长趋势平稳增加，但是从11月起，参与的网民人数快速增加，说明该专题受关注的程度也在不断地增加。

2. 传播情感分析

与上节的方法相同，利用Hownet建立的一个有效的中文情感词库，通过对该专题内所有的帖子以及回复留言的内容进行分词与情感语义的处理之后，发现网民对虚拟货币问题的讨论过程中一直是正向观点占据主要地位，并且有着继续正向发展的趋势。因此，该事件值得后继不断关注。整个专题的情感变化（拐点）如图4-19所示。

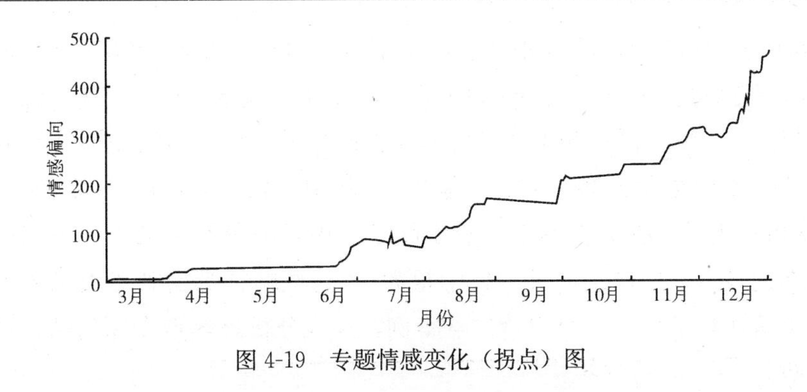

图 4-19　专题情感变化（拐点）图

4.5　专题 3：经济发展问题与危机

改革开放以来，中国经济持续三十多年的高速发展让全世界瞩目，但在经济高速发展的同时也积累了大量的问题，2013 年，中国经济处于结构性转型的关键时期，尽管中国经济 2013 年比上年增长 7.70%，高于预期目标 0.2 个百分点；居民消费价格总水平涨幅控制在 2.60%，低于控制目标 0.9 个百分点；第三产业占 GDP 之比提高到 46.10%，历史上首次超过第二产业，但是长期的发展也使得我国的经济发展质量与效率存在着多种潜在的危机与风险，对于这些发展中的危机必需有明确的认识。

十八届三中全会指出，“经济体制改革是全面深化改革的重点”，要使市场在资源配置中起决定性作用并且更好地发挥政府作用。紧紧围绕使市场在资源配置中起决定性作用，深化经济体制改革，坚持和完善初级阶段的基本经济制度，加快完善现代市场体系、宏观调控体系、开放型经济体系，加快转变经济发展方式，并加快建设创新型国家，推动经济更有效率、更加公平、更可持续发展。因此，本节就网民发表的针对中国经济发展过程中存在的问题进行数据聚集与处理，以获得大量网民对此问题的一些舆论倾向。

4.5.1　专题发展趋势

在互联网上，大量网民针对“经济发展问题与危机”领域的问题与相关网络事件也展开了激烈的讨论，图 4-20 是专题内备受网民关注和发展较为迅速的帖子，下面将从这些主题中对该专题展开分析。

2013 年 5 月 10 日，网民“c1698477744”在天涯论坛发表了一篇名为“M2 社会总效率初探——全社会失去投资价值”的帖子，引起了大量网民的关注。随后在2013年6月22日、2013年7月6日和2013年8月7日，网民“nbkafo112”、“卢麒元”和网民“bluehot _ lx”也分别在天涯论坛发表了帖子“来个经济大势分析兼扫盲——致天涯那些不懂经济的愤青们”、“中国经济的下半年预测和建议”和“未来的危机之源：M2提款权”。其中，在2013年11月26日网民“就要水落石出了”在天涯网上发表了帖子“中日战争箭在弦上，美国终将放弃摇摆选边日本，中国经济近期风险很大”。这些帖子都受到了大量的关注和回复。将这些帖子作为一个舆情热点案例，深入分析该热点专题的结构特征和传播趋势。

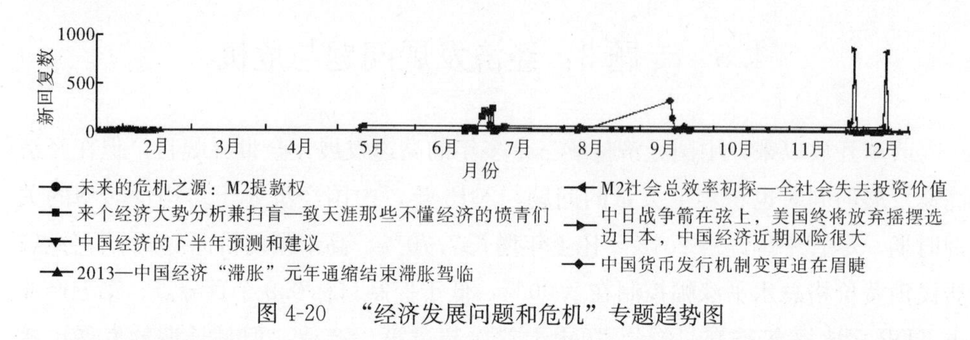

图4-20　“经济发展问题和危机”专题趋势图

在舆情传播的过程中，发帖者的影响力对舆情传播的影响无疑是最大的，针对发帖者的观点进行的讨论占有整个回复量的大部分，在这些回复中，也产生了一批新的且具有一定影响力的观点，并引发了网民的关注和讨论，尽管新观点基本还是发帖者的观点延伸，体现了网民们讨论的内聚性和聚焦性，以下是关于“经济发展问题与危机”的若干观点。

4.5.2　观点分类与观点列表

通过上述的网络数据信息，针对网民在回复过程中的观点挖掘与倾向进行语义处理，形成了本话题的核心观点。

1. 专题主要观点挖掘列表

分析在“经济发展问题与危机”专题中网民在帖子与回复中发表的全部言论，参考十八届三中全会报告中涉及的热点话题以及相关的观点挖掘与倾向进行语义的处理方法，经过文本清洗、语义分析、观点聚类这三个核心步骤，提取到7个核心观点，这7个观点占整个用户分布的比例数据如图4-21所示。

图4-21中，相应的观点分别为：

观点1：国内经济运行中深层次问题尚待解决，但中国经济发展具有较多有利条件，有望进一步企稳回升。持有该观点的人数占总人数的 12.37%。

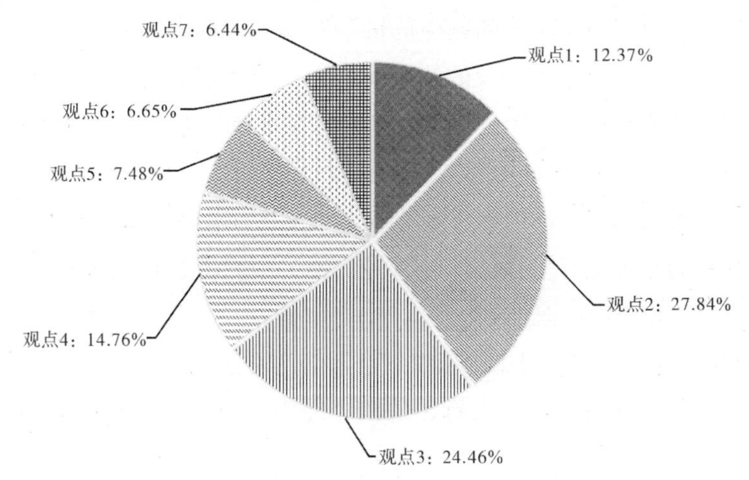

图 4-21　“经济危机”问题热点话题观点比例示意图

观点 2：房地产泡沫等问题的存在，一旦崩盘，未来中国经济可能陷入危机，但是中国经济不会崩溃。持有该观点的人数占总人数的 27.84%。

观点 3：未来中国必将陷入经济危机，甚至可能导致整个中国经济崩溃。持有该观点的人数占总人数的 24.46%。

观点 4：货币超发导致房地产泡沫，进而导致经济危机。持有该观点的人数占总人数的 14.76%。

观点 5：地方政府过分发行地方债券，出现破产导致经济危机。持有该观点的人数占总人数的 7.48%。

观点 6：大量的民间借贷，一旦资金链出现问题，可能导致经济危机。持有该观点的人数占总人数的 6.65%。

观点 7：银行理财产品失范，也是经济危机爆发的潜在风险。持有该观点的人数占总人数的 6.44%。

其中，讨论最热门的观点分别是：观点 2 和观点 3，且持有观点 2、观点 3 的用户人数占参与本专题总人数的比例高达 52.3%；表明存在大量的网民认为未来中国可能会陷入经济危机，甚至可能导致整个中国经济崩溃。其次，观点 4 和观点 1 也引起了较多的讨论，说明广大网民对我国的经济发展中存在的深层次问题以及产业泡沫导致的经济危机具有较高的关注度，因此，着重分析这些问题的产生与影响对于政府的宏观调控与发展规划的制定具有一定的指导意义。

2. 观点分类

通过分析参与“中国经济问题与危机”专题讨论的网民所发表的言论内容，统计分析相关观点和讨论所涉及的热点词汇、重要领域，通过针对文本的分词、去噪、清洗、过滤等操作，聚合出关于该专题在发展演化过程中的 8 个关键特征词汇：房地产、地方债、民间借贷、理财产品、央行、经济崩溃、危机、外汇储备。根据观点涉及的特征词汇和观点所涉及的领域以及网民发表的各个观点内容本身之间存在的相关性与差异性，可以将上述 7 个观点进行进一步聚类分析后，可以将观点分为以下 2 大主题：

1）分类观点一：网民对中国未来经济形势的看法

此类观点包含的关键词：央行、危机、经济崩溃、外汇储备，对应的观点包括：

观点 1：国内经济运行中深层次问题尚待解决，但中国经济发展具有较多有利条件，有望进一步企稳回升。

观点 2：房地产泡沫等问题的存在，一旦崩盘，未来中国经济可能陷入危机，但是中国经济不会崩溃。

观点 3：未来中国必将陷入经济危机，甚至可能导致整个中国经济崩溃。

2）分类观点二：造成中国经济存在危机的主要原因

此类观点包含的关键词：房地产、地方债、民间借贷、理财产品，特别是由于货币或金融政策可能会引起的产业风险，而导致经济危机的产生，对应的具体观点包括：

观点 4：货币超发导致房地产泡沫，进而导致经济危机。

观点 5：地方政府过分发行地方债券，出现破产导致经济危机。

观点 6：大量的民间借贷，一旦资金链出现问题，可能导致经济危机。

观点 7：银行理财产品失范，也是经济危机爆发的潜在风险。

上述观点分类的用户分布比例如图 4-22 所示。

从图 4-22 可知，针对“中国经济问题与危机”这一专题进行讨论的网民中，有 58.00％的网民对中国未来的经济形势发表看法，其中大量的网民对未来的中国经济发展的趋势与风险持有怀疑与担心的倾向；其次，42.00％的网民将自己的关注重点放在造成中国经济存在危机的主要原因的分析上来，特别是对金融与货币政策等可能对产业经济带来的影响。可见，大量网民对于中国未来潜在的经济问题与危机这个话题具有较高的舆论关注度。

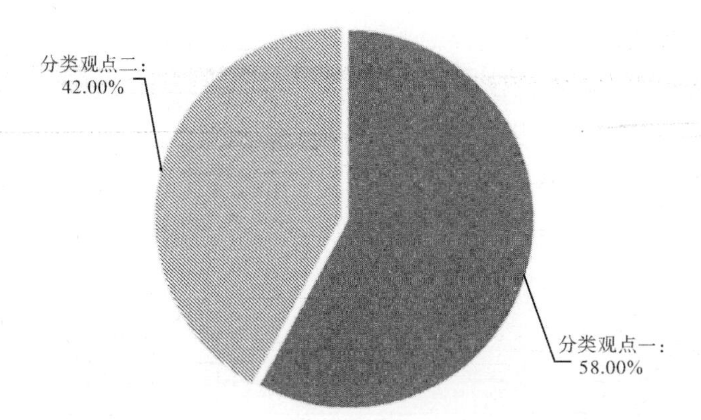

图 4-22　“经济发展问题与危机”观点分类比例图

3. 观点分类详细分析

为了更好地对相应的观点分类进行深入的分析，本节对每一个分类观点内的网络用户分布以及网络民意进行了分类处理，希望通过网民的真实反馈信息来反映他们对这些问题的思考与建议：

1）分类观点一：网民对中国未来经济形势的看法

在进一步的数据分析研究中，我们对网民针对“中国未来经济形势”主题内的观点进行梳理与处理，其中在本分类观点中，存在如下 3 个细分的子观点，这些细分子观点比例如图 4-23 所示。

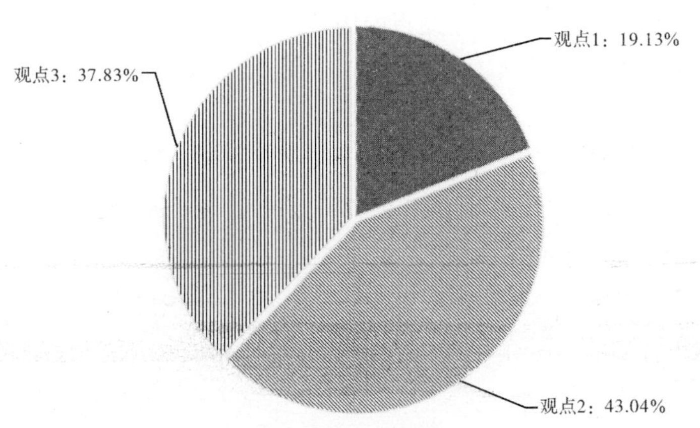

图 4-23　分类观点一细分子观点比例示意图

观点 1：19.13％的网民认为国内经济运行中深层次问题尚待解决，但中国经济发展具有较多有利条件，有望进一步企稳回升。中国经济已从高速增长进入中高速增长的新阶段。国际环境仍然复杂严峻，国内经济运行中深层次问题尚待解决，但中国经济发展具有较多有利条件，有望进一步企稳回升，就如网民“仪轨”所说：

“影响经济增长的诸多因素，不仅目前存在，有些还会长期起作用，特别是体制因素、经济结构和经济发展方式这些深层次因素还将长期制约我国经济的可持续发展，但是总体来说未来中国经济还是会有所上升的。”

观点 2：43.04%的人认为房地产泡沫等问题的存在，一旦崩盘，未来中国经济可能陷入危机，但是中国经济不会崩溃。要谈房地产业对经济的致命影响，如果不加强调控、不对房价进行严厉控制、不规范房地产市场的行为、不调整地方发展经济的思路，会有一天让中国经济丧命于房地产业。现在对房地产市场进行严厉调控，虽然晚了一点，但毕竟还没有病入膏肓，还能通过刮骨疗伤把房地产从死亡的边缘拉回来。正如网民“kuta”所说：

“其实没到那份上，虽然存在房地产泡沫的问题，但是只要政府加强调控，还是可以化危为安的。”

观点 3：37.83%的人认为未来中国必将陷入经济危机，甚至可能导致整个中国经济崩溃。正如网民“sakura”所说：

“在这个世界上凡是靠房地产拉动的国家，结果没有不是崩盘的，世界经济中间早已把中国的房地产列为崩盘之列，这次下滑完全归结为错误的房地产政策造成的。”

2）分类观点二：造成中国经济存在危机的主要原因

在本分类观点的进一步数据分析与研究中，发现该分类观点下还存在 4 个主要的细分子观点，且这些细分子观点的用户人群比例如图 4-24 所示。

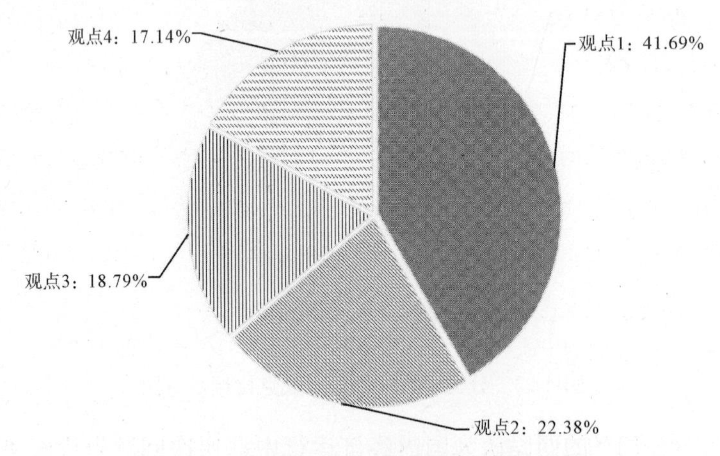

图 4-24　分类观点二细分子观点比例示意图

如图 4-24，形成上述主要子观点的用户舆情分析如下：

观点 1：41.69%的网民认为货币超发导致房地产泡沫，进而导致经济危机。

历史上几乎所有的经济危机都由房地产泡沫直接导致，目前我国的这一问题仍相对突出。正如网民“春田花花”所说：

“要说导致中国经济崩盘的罪魁祸首，房地产泡沫必然难辞其咎。”

观点2：22.38%的网民认为地方政府过分发行地方债券，出现破产导致经济危机。近30年来，全球发生了很多次经济、金融危机，而这些危机几乎都与债务有关。以前的危机主要集中在发展中国家，原因是发展中国家大量举债发展民族经济，由于投资巨大而效益低下，造成无力还本付息，最终演变成债务危机。正如网民“夏夏”所说：

“一旦银行资金出现问题了，中国的企业无法从银行贷出钱来，企业也就无法运转，导致先是大幅度裁员，最终企业倒闭，如此恶性循环，很有可能重蹈美国次贷危机的覆辙，且有可能更加严重。”

观点3：18.79%的网民认为大量的民间借贷，一旦资金链出现问题，可能导致经济危机。在民间借贷生意越来越火，利率水涨船高的同时，民间借贷的风险也在迅速积聚。正如网民“dante”所说：

“民间借贷的规模不断增大，利率不断高涨，涉及的人也越来越多，说不定哪一天这个危机就会引爆了。”

观点4：17.14%的网民认为银行理财产品失范，也是经济危机爆发的潜在风险。近年来，银行理财产品的崛起，并且持续多年不衰，一方面银行为了保持较高的收益率以吸引人们投资理财产品，赚取手续费，另一方面以各种变通的方式把资金留在银行的业务流程里。如网民“和煦人生”所说：

“而信托公司却美其名曰称之为‘理财产品’，在通过银行转卖给储户，银行收取手续费和广告费。当然信托公司也是要赚一些利息的。所以就造成资金成本高居不下了。而地方政府对利率根本不在乎，只要借到钱就可以了。这就是国内现金流的现状。”

4. 观点总结

我国正处于社会主义经济转型期，经济快速发展的同时也存在着多种经济问题。通过以上对经济问题中“未来的危机之源：M2提款权”、“来个经济大势分析兼扫盲——致天涯那些不懂经济的愤青们”和“中国经济快到悬崖边了?”等帖子讨论的专题进行的数据统计和分析可以看出，广大草根网民也对“经济发展问题与危机”保持了较高的关注度和讨论参与度，有57.50%的网民关注的重点是未来中国的经济形势，有的网民认为国内经济运行中深层次问题尚待解决，但中国经济发展具有较多有利条件，有望进一步企稳回升；有的网民认为尽管有房地产泡沫等问题的存在，但是中国暂时不会崩溃；还有网民认为未来中国必将陷入经济危机，甚至可能导致整个中国经济崩溃。另外，有 42.50%的网民则把关注的重点放在造成中国经济存在危机的原因上，大部分网民认为是货币超发导致房地产泡沫，进而导致经济危机；还有网民认为是地方政府过分发行地方债券，出现破产导致经济危机；另外有些网民认为大量的民间借贷，一旦资金链出现问题，可能导致经济危机；其他网民则认为银行理财产品失范，也是经济危机爆发的潜在风险。

党的十八届三中全会提出“经济体制改革是全面深化改革的重点”，并对全面深化经济体制改革做了部署。其中主要有六个方面：坚持和完善基本经济制度、加快完善现代市场体系、加快转变政府职能、深化财税体制改革、健全城乡发展一体化体制机制和构建开放型经济新体制，在推进社会事业改革创新中还提出健全促进就业创业体制机制，形成合理有序的收入分配格局，建立更加公平持续的社会保障制度。正确处理了“以经济建设为中心，发挥经济体制改革的牵引作用，推动生产关系同生产力、上层建筑同经济基础相适应，推动经济社会持续健康发展”的关系，有望通过坚持社会主义市场经济改革方向，破除各方面体制机制弊端，避免出现经济发展过程中大的波动，为我国经济平稳快速的发展奠定基础。

4.5.3 专题传播趋势

专题的传播趋势也反映出了该专题内的事件传播影响过程的生命周期。在整个研究过程中，专题信息的传播出现的异常拐点往往反映了某个事件突然爆发而引起了网民的极大关注，另外，专题在网络传播中的影响力与流量也反映出了其在传播过程中的相关特征。

1. 影响力

利用 2013 年一年的数据来分析研究“中国经济发展问题与危机”这一专题内的热点事件随着时间的演化过程。发现网民对经济问题与危机这一专题内容的讨论在 11 月下旬和 12 月上旬达到了高峰，通过分析该专题下的帖子可以知道，是由于网民“就要水落石出了”在 11 月 26 日发表了帖子“中日战争箭在弦上，美国终将放弃摇摆选边日本，中国经济近期风险很大”，网民“走近一点点”在 12 月 22 日发表了帖子“中国经济快到悬崖边了?”。这两个帖子的出现把网民对中国经济是否存在危机的讨论推上了顶峰。该专题内事件的响应日流量数据可以清晰地看出这一专题的演化过程，如图 4-25 所示。

另外，从图 4-26 专题的用户参与的总流量趋势图中可以看出，过滤掉一些重复无意义的回复内容后，针对中国经济发展问题与危机的讨论中有意义的回复量已达到 4000 条左右，从 6 月开始受到关注后，增长趋势平稳增加，而从 11 月份后，参与的网民人数快速增加，尤其在十八届三中全会前后受关注的程度也在快速地发生变化，目前，该舆情的发展趋势已基本接近尾声。

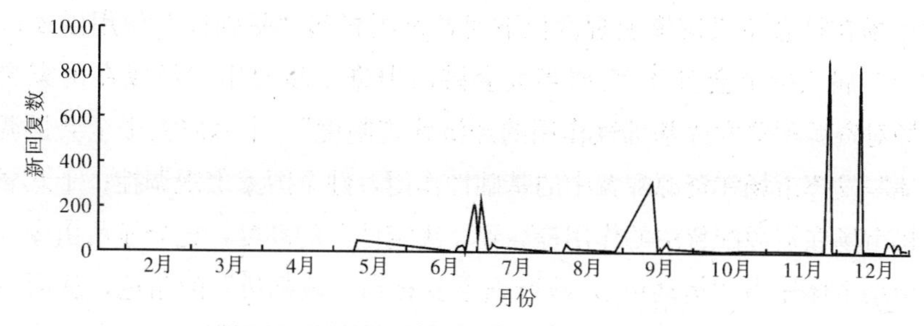

图 4-25　专题响应数据的日流量变化趋势图

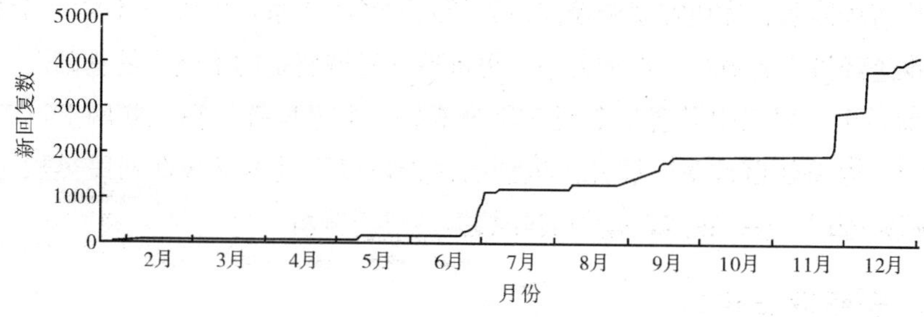

图 4-26　专题总流量时间趋势图

2. 传播情感分析

利用 Hownet 建立的一个有效的中文情感词库，通过对该专题内所有的帖子以及回复留言的内容进行分词与情感语义的处理之后，如图 4-27 所示，发现网民对“中国经济发展问题与危机”的讨论过程中，6 月末的时候呈现出情感极性为负的情况，随后网民情感以正向观点占主导地位，即更多的网民在客观积极地提出问题的解决方案，这对舆情的发展持正面鼓励发展的趋势。

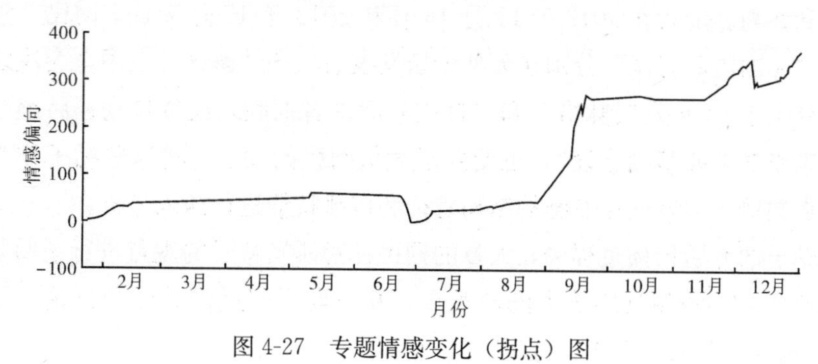

图 4-27　专题情感变化（拐点）图

4.6 专题4：经济体制改革

一个国家的经济体制决定了其发展的方向，自从十四大和十四届三中全会提出发挥市场在社会主义国家宏观调控下对资源配置起“基础性”作用以来；在纪念党的十一届三中全会召开30周年大会讲话中进一步提出“形成在国家宏观调控下市场对资源配置发挥基础性作用的经济管理制度”；十六届三中全会强调“更大程度地”发挥市场在资源配置中的基础性作用，健全国家宏观调控；十八届三中全会则将市场在资源配置中的作用提高到“决定性”的高度，充分显示出今后要由市场或市场主体充当“运动员”，政府则主要充当“裁判员”的角色，从而厘清了政府与市场的行为边界，也为下一步深化经济体制改革，完善基本经济制度，加快完善现代市场体系、优化宏观调控体系和开放型经济体系，加快经济发展与转变方式，并推进经济更有效率、更加公平、更可持续发展奠定的了坚实的基础。

当前，十八届三中全会是全面深化改革的一个里程碑，在互联网上，广大网民群众对“经济体制改革”展开了激烈的讨论，以下是本章根据网民热烈讨论的“经济体制改革”这个热点专题的实际数据进行的分析。

4.6.1 专题发展趋势

在互联网上，广大群众对于“经济体制改革”也展开了激烈的讨论，本节从所获取的“经济体制改革”专题中抽取出了2013年度中回复数最多且增长趋势明显的7个帖子，其增长趋势如图4-28所示，下面将通过这些帖子来对该专题进行分析。

如图4-28，2013年8月24日，网民“邹艺湘”在天涯论坛发表了一篇名为“千万不要错过中国崛起的机会!!!”的帖子，该帖子一经发表就吸引了大量网民的关注和参与。随后在2013年11月16日和2013年12月7日，网民“独孤飞骏”和“无国岂敢有家”分别在天涯论坛发表的帖子“解读《三中全会决定》全文，探究未来10年发展脉络”和“打烂崩溃论者的脸，投资拉动还将继续，概述中国未来的主要基础建设”，也受到了大量网民的关注。将这些帖子作为一个舆情热点案例，对该热点专题的结构特征和传播特征进行深入分析。

在帖子的专题传播过程中，大量的网民针对所发帖子的观点进行了回复，其中，也产生了一些颇具影响力的新观点，并引发了网民的关注和讨论。下面对“经济体制改革”的观点进行分析。

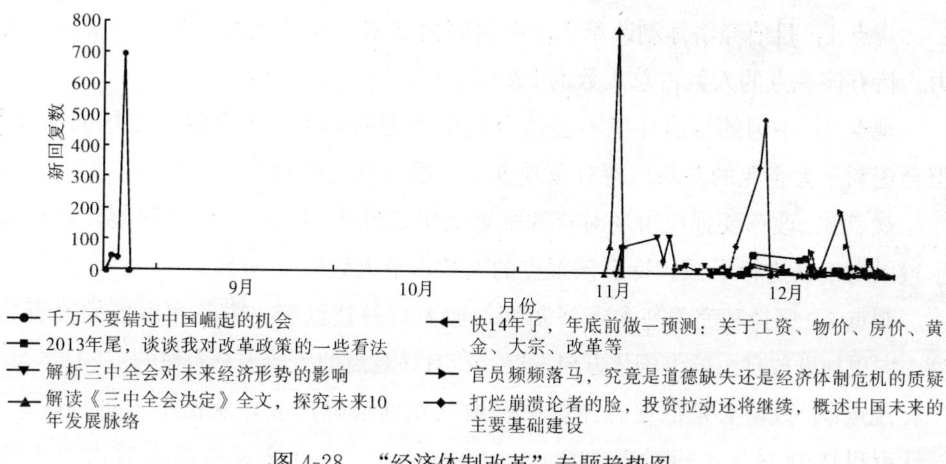

图 4-28　“经济体制改革”专题趋势图

4.6.2　观点分类与观点列表

通过上述的网络数据信息，针对网民在回复过程中的观点挖掘与倾向进行语义的处理，形成了本话题内的核心观点。

1. 专题主要观点挖掘列表

通过上述的网络数据信息，分析此专题中网民在帖子中发表的全部言论，利用热点话题分析以及相关的观点挖掘与倾向进行语义的处理，经过文本清洗、语义分析、观点聚类这三个核心步骤，提取到以下 7 个核心观点，持有这 7 个观点的用户分别占整个用户分布的比例数据如图 4-29 所示。

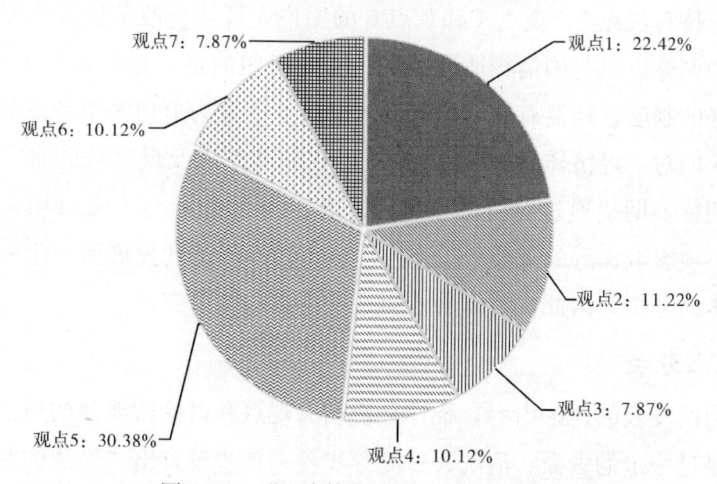

图 4-29　“经济体制改革”观点比例图

图 4-29 中，相应的观点分别为：

观点 1：目前经济体制改革无法解决国内贫富分化的状况，激发出新的购买力。持有该观点的人数占总人数的 22.42%。

观点 2：中国的目前环境不会适合新生产力的诞生，不会激发市场的活性，但会更利于大企业的垄断。持有该观点的人数占总人数的 11.22%。

观点 3：改革要强调市场对资源配置的决定性作用，转变政府职能，在行政手段上对市场进行干预。持有该观点的人数占总人数的 7.87%。

观点 4：坚持和完善基本经济制度，加大对科技创新、服务和市场的投资力度，向更加开放自由的市场化方向发展。持有该观点的人数占总人数的 10.12%。

观点 5：改革必须把现有体制中腐败的东西清除出去，从根本上进行改革，深化财税体制改革，同时需要政改的启动保障。持有该观点的人数占总人数的 30.38%。

观点 6：改革是个长期的过程，不断试验的过程，将会非常困难，同时要考虑我国基本国情。持有该观点的人数占总人数的 10.12%。

观点 7：现在缺的不是制度，而是执行力度。持有该观点的人数占总人数的 7.87%。

综上，讨论最热门的一个观点是观点 5，且持有该观点的用户人数占本专题参与总人数的 30.38%；即大量的网络用户认为改革的过程中需要对当前体制中存在的腐败现象进行清除；其次，持有观点 1 与观点 2 的用户人数比例高达 33.63%，认为目前的体制对新的生产力产生了制约，因此迫切需要进行体制改革；另外，持有观点 3、观点 4 和观点 6 的用户人群认为改革过程中需要注意的政府职能的调整以及与国情相适应；特别需要说明的是，有 7.87%的网民认为，不仅要有好的制度，还要有好的执行力才是改革中最为迫切需要考虑的事情。由此说明，人们对“经济体制改革”，政府的职能调整以及反腐败的坚持等方面抱有较大的期待，期望通过经济体制改革来保障与促进社会主义市场化经济的发展。作为一项影响深远的重要政策，它对未来中国经济的发展所产生的潜在影响需要进一步的分析，因此本节将着重对这些观点进行研究。

2. 观点分类

分析网民发表的评论内容，统计分析相关观点和讨论所涉及的热点词汇、重要领域，经过一定的去噪、清洗、过滤等步骤，初步聚合出“经济体制改革”专题的发展演化的 6 个关键特征词汇，分别是：改革、制度、反腐败、政策、权力、矛盾。

根据观点涉及的特征词汇和观点所涉及的领域以及网民发表的各个观点内容本身之间存在的相关性与差异性，可以将上述 7 个观点进行进一步聚类分析后，可以分解为以下两大类：

1）分类观点一：目前的经济体制仍然存在矛盾

此分类观点包含了以下几个关键特征词：制度、矛盾，对应的观点包括：

观点 1：目前经济体制改革无法解决国内贫富分化的状况，激发出新的购买力。

观点 2：中国的目前环境不会适合新生产力的诞生，不会激发市场的活性，但会更利于大企业的垄断。

2）分类观点二：政府应加大经济体制改革的力度

此分类观点包含了以下几个关键特征词：改革、反腐败、政策、权力，对应的观点包括：

观点 3：改革要强调市场对资源配置的决定性作用，转变政府职能，在行政手段上对市场进行干预。

观点 4：坚持和完善基本经济制度，加大对科技创新、服务和市场的投资力度，向更加开放自由的市场化方向发展。

观点 5：改革必须把现有体制中腐败的东西清除出去，从根本上进行改革，深化财税体制改革，同时需要政改的启动来保障。

观点 6：改革是个长期的、不断试验的过程，必将会经历困难，同时要考虑我国基本国情。

观点 7：现在缺的不是制度，而是执行力度。

上述分类观点的用户分布比例如图 4-30 所示。

从图 4-30 可知，在参与“经济体制改革”讨论的网民中，提出的观点绝大多数集中在政府应加大经济体制改革的力度方面，相关的用户人数占关注本专题总人数的 58.00%，可见普通民众对新一届领导班子的殷切期望。改革并不是一蹴而就的事情，而是一个持续漫长的过程。因此，大部分网民希望政府不仅能够制定出高效的制度，同时还要加强执行力度。

其次，42.00%的网民将自己的关注重点放在分析目前的经济体制存在矛盾，或者所存在的制约情况。网民认为目前的经济体制不会为市场带来活性，一方面无助于解决社会的贫富分化，另一方面可能强化大企业的垄断，从而使得整个市场缺乏创新和活力。

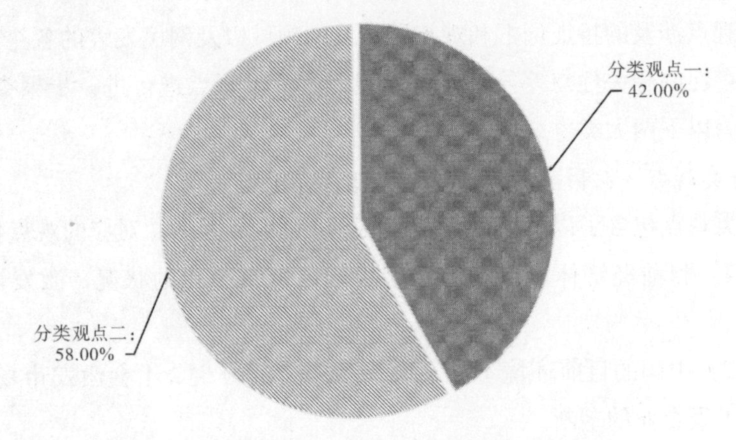

图 4-30 “经济体制改革”观点分类比例图

3. 观点分类详细分析

为了更好地对相应的观点分类进行深入的分析，本节报告对每一个分类观点内的网络用户分布以及网络民意进行了二次细化分类处理，希望通过网络用户的真实反馈信息来反映他们对这些问题的思考与建议：

1）分类观点一：目前的经济体制仍然存在矛盾

在进一步的数据分析与研究中，对网民针对“目前的经济体制仍然存在矛盾”主题内的深入观点进行梳理与分析，其中在本分类观点中还存在 2 个细分的子观点，相关详细子观点的人群分布比例如图 4-31 所示。

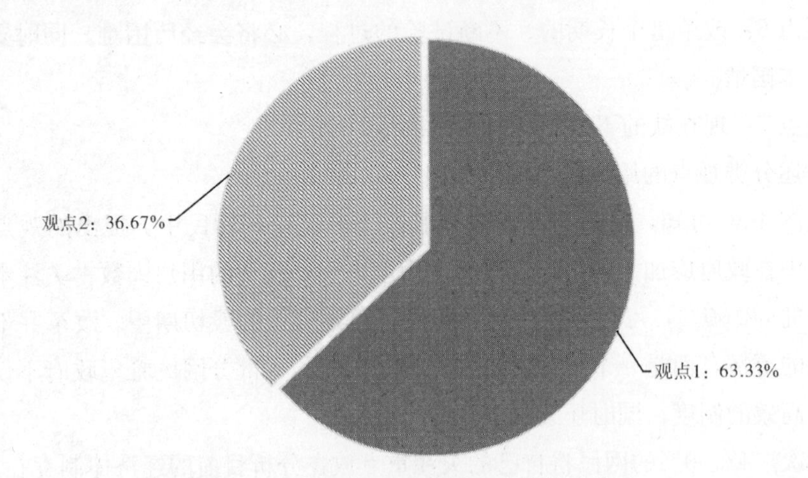

图 4-31 分类观点一细分子观点比例示意图

观点 1：63.33%的网民认为目前经济体制改革无法解决国内贫富分化的状况，激发出新的购买力。持续的经济低迷导致民众购买力下降，如此便会形成恶性循环。如网民“咸聊”所说：

“个人认为，改革能否继续推进中国经济持续发展，走出经济危机，取决于改革能否解决国内贫富分化的状况，激发出新的购买力。”

观点 2：36.67%的人认为：中国的目前环境不会适合新生产力的诞生，不会激发市场的活性，但会更利于大企业的垄断。就如网民“上官飞鸿新浪博客”所说：

“在垄断的条件下，由市场来决定价格，其结果只能是社会的基础运行成本不断相对上升，这对未来经济的危害只会更加严重。”

2）分类观点二：政府应加大经济体制改革的力度

在本分类观点的进一步数据分析与研究中，发现“政府应加大经济体制改革的力度”分类观点下还存在着 5 个主要的细分子观点，这些细分子观点所反映的用户分布如图 4-32 所示。

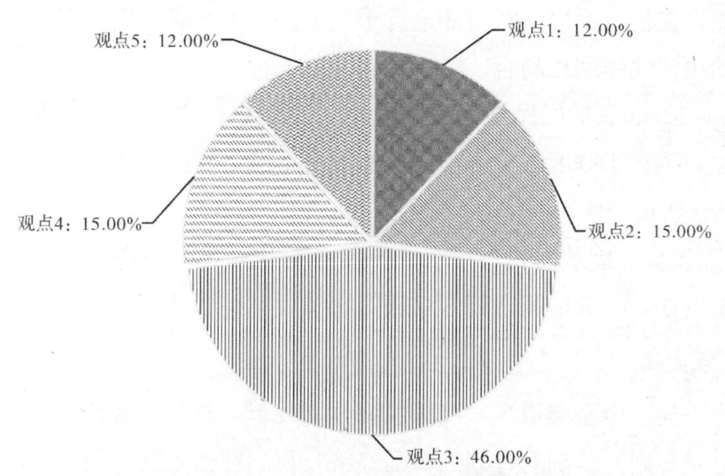

图 4-32　分类观点二细分子观点比例示意图

如图 4-32，对所有的子观点进行进一步的细分后，可以得到：

观点 1：12.00%的网民认为改革必须把现有体制中腐败的东西清除出去，从根本上进行改革，深化财税体制改革，同时需要政改的启动来保障。随着国家大力整治贪污腐败官员，越来越多的腐败高官落马，网民纷纷拍手称赞，认为政府已经向改革的步伐中迈开了一大步。如网民“uko2012”所说：

“反腐败的根本，在于言必行、行必果。”

还有部分网民认为在整治贪腐的同时，要深化财税体制改革，不断完善现有经济体制。如网民“独孤飞骏”所说：

“现行财税体制是在年分税制改革的基础上逐步完善形成的，随着形势的发展，已经不完全适应合理划分中央和地方事权、完善国家治理的客观要求，不完全适应转变经济发展方式、促进经济社会持续健康发展的现实需要，我国经济社会发展中的一些突出矛盾和问题也与财税体制不健全有关。”

观点 2：15.00%的网民认为坚持和完善基本经济制度，加大对科技创新、服务和市场的投资力度，向更加开放自由的市场化方向发展。这与我党十八届三中全会提出的改革措施不谋而合。

观点 3：46.00%的网民认为改革是个长期的，不断试验的过程，必将会经历困难，同时要考虑我国基本国情。如网民“冷眼旁观天国”所说：

“政策的好坏不是绝对的，要看实际条件。简单说，美国制度全搬过来，立马实行还真就不一定比现在制度好。改革是个长期和曲折的过程。”

观点 4：15.00%的网民认为改革要强调市场对资源配置的决定性作用，转变政府职能，在行政手段上对市场进行干预。这与十八届三中全会提出的市场对资源配置的决定性作用相吻合。

观点 5：12.00%的网民认为现在缺的不是制度，而是执行力度。目前经济发展的瓶颈并不在于制度的不合理，而是因为不能彻底贯彻执行当前制度。如网民“水邻云”所说：

“一个制度如果能认真执行下去，再差也有几分，如果再好的制度只执行部分，也只是空谈，目前的状态归根结底是执法者不够强硬。”

4. 观点总结

党的十一届三中全会以来，我国经济体制改革一直是围绕调整政府和市场关系进行的，从计划经济到有计划的商品经济，再到社会主义市场经济，市场的力量一步步得到释放。由于改革开放后相当一段时期内，我国市场体系和机制尚未建立健全，市场还不能有效配置资源，需要我们实施渐进式改革。随着社会主义市场经济体制不断完善，市场配置资源的功能和条件逐步形成，社会各方面也有了相应共识。十八届三中全会中特别强调：经济体制改革是全面深化改革的重点，核心问题是处理好政府和市场的关系，使市场在资源配置中起决定性作用和更好发挥政府作用，从而改变我国当前存在的市场体系不完善、市场规则不统一、市场秩序不规范、市场竞争不充分，政府权力过大、审批过杂、干预过多和监管不到位等体制问题，通过经济体制改革，提高经济发展活力和资源配置效率，努力实现资源配置效率最优化和效益最大化。同时，也要加强制度的执行力度，只有将二者结合起来，才能使社会主义市场经济焕发生机。

4.6.3　专题传播趋势

通过传播趋势的研究反映出了该专题内的事件传播影响的全生命周期过程。在整个研究过程中，专题信息的传播出现的异常拐点往往反映了某个事件突然爆发而引起了网民们极大的关注所致，另外，关注于该专题在网络传播中的影响力与流量等传播特征。

1. 影响力

利用 2013 年一年的数据来分析研究该专题内的热点事件随着时间的演化过程。其中，经济体制改革问题的讨论在 11 月中旬的时候达到了高峰。分析该专题下的帖子与回复信息如图 4-33 所示，其中网民“独孤飞骏”在 11 月 16 日发表的帖子“解读《三中全会决定》全文，探究未来 10 年发展脉络”把民众对经济体制改革的讨论推上了高峰。后续的几个帖子，如网民“无国岂敢有家”在 12 月 7 日发表的名为“打烂崩溃论者的脸，投资拉动还将继续，概述中国未来的主要基础建设”等帖子，把针对经济体制改革的讨论热度推向了一个新的高峰。该专题内事件的响应日流量数据可以清晰地看出这一专题的演化过程。

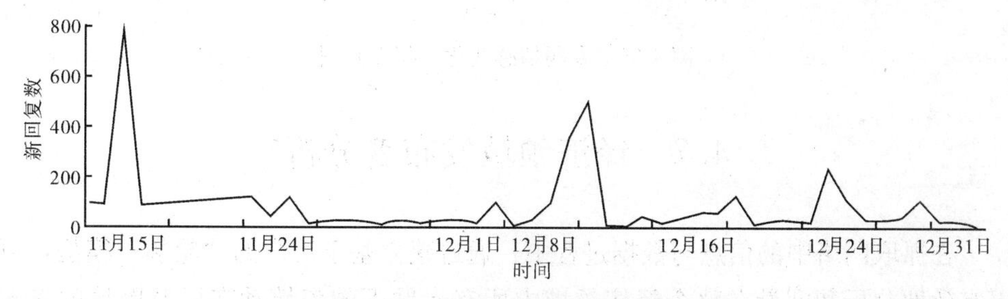

图 4-33　专题日流量变化趋势图

此外，如图 4-34 所示，专题用户参与的总流量趋势图可以看出，过滤掉一些重复无意义的回复内容后，针对经济体制改革问题的讨论中有意义的回复量已

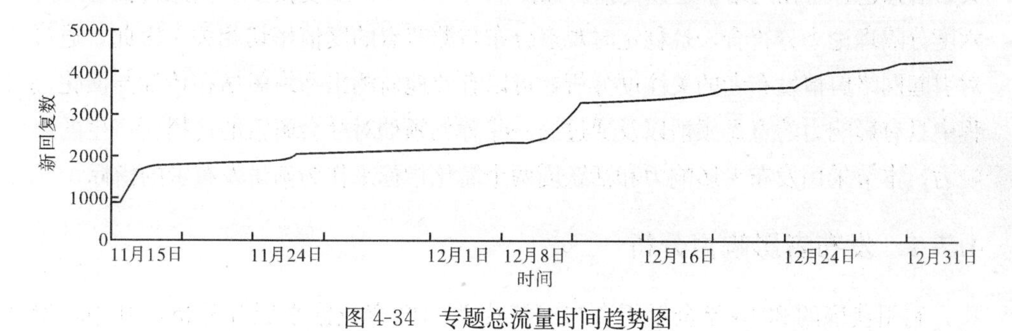

图 4-34　专题总流量时间趋势图

超过 4200 条，从 11 月开始受到关注后，呈现出继续上升的趋势，这也表明该专题受关注的程度也在不断地增加。

2. 传播趋势与情感分析

利用 Hownet 建立的一个有效的中文情感词库，通过对该专题内所有的帖子以及回复留言的内容进行分词与情感语义的处理之后，如图 4-35 所示，发现网民对经济体制改革的讨论起初是负向情感占多数，一直到 11 月中旬开始，随着十八届三中全会的召开，新帖的出现使得正向情感占据了主要的地位。到目前为止，虽有波动，但一直是正向观点居多。

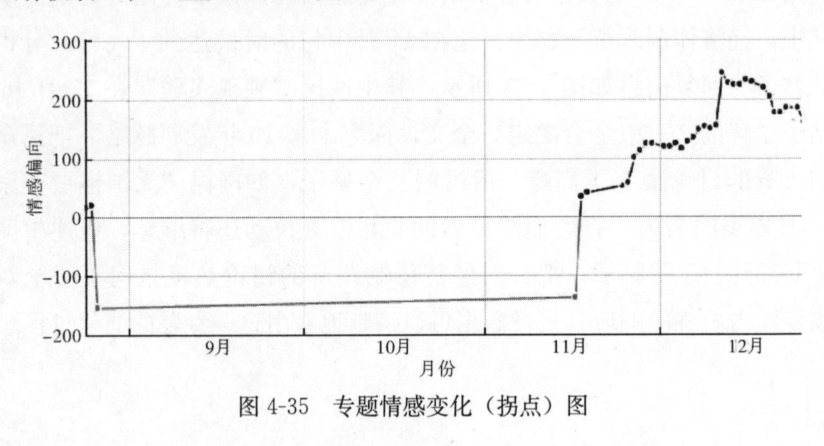

图 4-35 专题情感变化（拐点）图

4.7 经济领域发布者分析

在抓取网络中的信息与数据过程中，通过建立基于用户的“轮廓”模型，可以有效地分析和度量在整个经济领域中所有专题下的舆情动态以及舆情的发布者、参与者以及受到传播过程中影响的用户之间存在的联系，张彦超（2011）等通过构造了一个基于在线社交网络的信息传播模型，发现初始传播节点的度越大，信息越容易在网络中迅速传播。而熊熙等（2012）发现模型中信息传播速度与六度分隔理论十分符合，且稳定时观点分布与源节点的度值密切相关。因此，通过对引起网络舆情发布者的关注度分析，可以有效地监测出网络舆情在传播与演化过程中具有影响力的意见领袖以及通过这一些意见领袖对社会舆情的传播所产生的影响力。本节采用发布者影响力和活跃度两个简化指标来作为衡量发布者的指标。

4.7.1 发布者影响力分析

利用获取的 2013 年全年所有与经济相关的内容数据来展开分析，其中，参与经济领域讨论的网络用户其影响力分析具体数据如表 4-3 所示。

表 4-3　发布者影响力数据表

用　户	粉丝数	发帖数	浏览次数	回复数	影响力
陕北黑脸汉子	18 871	15	92 293	2 088	1
这个世界没有神	17	1	58 055	360	0.999 978 585
摆地摊开 Q7	17	11	12 524	126	0.999 965 315
ghostchina	15	7	16 645	148	0.999 964 923
dingshiyun83	17	1	5 211	53	0.999 899 985
送钱观音	16	3	1 132	121	0.999 819 969
日月韦小宝热	17	1	1 761	27	0.999 815 985
石榴瓜	235	1	773	17	0.999 699 979
李财爷	410	2	336	17	0.999 633 671
仙之注视	28	1	1 051	16	0.999 619 958

表 4-3 显示出了在经济领域中用户影响力排在前 10 位的用户。且影响力指数主要是从该用户的粉丝数、发帖数以及帖子被其他用户浏览的次数以及总的回复数来综合计算的，详细的计算参见 2.1.2。其中，发布者“陕北黑脸汉子”影响力为 1，可将其看作“意见领袖”，其余 9 位的影响力也在 0.9996 之上，说明他们在论坛中的影响力也颇高。

4.7.2　发布者活跃度分析

活跃度指标也是进行舆情传播分析的关键性指标，它可以通过发布者的发帖数以及发布者本人参与的其他相关帖子的回复数来度量，详细的计算参见 2.2.3 节。利用获取的 2013 年全年所有与经济相关的内容数据展开分析，参与经济领域讨论的网络用户其活跃度具体数据分析如表 4-4 所示。

表 4-4　发布者活跃度数据表

用　户	发帖数	回帖数	活跃度
陕北黑脸汉子	15	1 567	1
重庆半兽人	5	1 505	0.956 424 332
食炸糊晕了	2	868	0.551 235 553
大理道	3	729	0.463 524 366
不要二分法	1	509	0.323 173 876
大行情研究第一人	1	497	0.315 564 896
老农今年又白忙 1	13	428	0.276 928 333
憨豆和猫的马甲 1	1	426	0.270 545 089
某马甲	4	391	0.249 630 987
披着马甲 2013ABC	1	389	0.247 084 056

其中，以活跃度最大的数据值进行归一化处理，即在经济领域发布者活跃度指标排在前 10 名的用户如表 4-4 所示，这表明这些用户在论坛中比较积极活跃，网络参与度较高，特别是“陕北黑脸汉子”在网络中的影响力和活跃度均排在首位，属于活跃型意见领袖，可以进行着重分析。

4.8 本 章 小 结

以经济建设为中心，是党基本路线的基石，是我国经济社会发展的一条主线。十八届三中全会指出，要紧紧围绕使市场在资源配置中起决定性作用深化经济体制改革，坚持和完善基本经济制度，加快完善现代市场体系、宏观调控体系、开放型经济体系，加快转变经济发展方式，推动经济更有效率、更加公平、更可持续发展。

本章主要对十八届三中全会深化经济改革的目标进行舆情分析，分别从房价问题、虚拟货币问题、经济发展问题与危机、经济体制改革 4 个专题进行了研究与分析，通过针对网络中的舆情分析，我们发现虽然近年来我国经济持续高速发展，但在发展的过程中仍然存在着一些问题，如何做到经济又好又快的发展，这是值得各界人员深入思考的问题。通过网络的舆情分析也发现，相关的领域的问题也成了网民关注的焦点，一些网民不仅只对目前的问题进行了深入的思考与挖掘，而且还有一些网民甚至对一些问题提出了理性的解决方案。因此，在网络时代，如何让更多的民众通过网络等不同的途径进行更加有效地、理性地参政和议政，这也是本书中提供的思考。

第5章 政治体制改革领域的相关舆情分析

政治体制是政治制度的具体表现形式，主要指国家的领导制度、组织制度、工作制度等具体制度。随着改革开放政策的实施，政治体制改革也不断深入，已使我国政治领域发生了显著变化，从而在建设社会主义民主政治的道路上迈出了坚实的步伐。但是在相关的组织制度以及工作制度等领域出现了一些与当前社会与经济发展不匹配问题，因此，仍需要通过不断地调整与优化，将经济基础与上层建筑之间存在的一些不合理与不匹配进行优化和改革。

所谓政治体制改革，就是在社会主义政治总格局和权力结构形式不变的前提下，调整部分社会关系，提高政治与行政管理工作的效能，对政权组织、政治组织的相互关系及其运行机制的调整和完善，从而促进社会经济、文化等事业的综合发展。其目标包括以下三个方面：第一，巩固社会主义制度；第二，发展社会主义社会的生产力；第三，发扬社会主义民主，调动广大人民的积极性。

十八届三中全会的政治体制改革思路可以概括为一个准则、三个目标和十项任务。一个准则，就是将坚持党的领导、人民当家做主、依法治国有机统一视为政治体制改革的行为准则。三个目标，就是将发展社会主义民主政治、建设社会主义法治国家、强化权力运行制约和监督体系视为政治体制改革的三个主要目标。十项任务，就是将推动人民代表大会制度与时俱进、推进协商民主广泛多层制度化发展、发展基层民主视为发展社会主义民主政治的三项主要任务，将维护宪法法律权威、深化行政执法体制改革、确保依法独立公正行使审判权检察权、健全司法权力运行机制、完善人权司法保障制度视为建设社会主义法治国家的五项主要任务，将形成科学有效的权力制约和协调机制、加强反腐败体制机制创新和制度保障、健全改进作风常态化制度视为强化权力运行制约和监督体系的三项主要任务。

综上，为了客观地分析广大的网民对政治体制改革中的一些热点舆情，从天涯论坛中选取了2013年全年的一些与政治改革相关的热点事件和帖子进行深入的总结和分析，从而期望了解来自草根网民们针对我国政治体制改革领域中相关舆情的建议与民声。

5.1 政治领域热点专题分析

根据2013年1月～2014年1月天涯论坛中的实际数据，针对政治体制改革热点专题的相关舆情热度的变化进行统计分析，其中热点专题舆情热度变化趋势如图5-1所示。

由图5-1可知，2013年1月1日到2013年11月初，网民对政治领域的关注度一直较低，每天新增帖子不超过10篇。直至十八届三中全会召开后，网民对政治领域的关注持续走高，每天新增的帖子最高可达60多篇。这说明十八届三中全会重视政治领域的议题，同时也引发网民关注此方面的问题。为了更有效地分析这些相应的热点舆情，本书将采用归一化的热度与参与度指标来表示，即均采用计算出来的最大值（如$\frac{最大热度值}{最大参与度值}$）为基础，来对相关的专题内的指标（如$\frac{热度值}{参与度值}$）进行了归一化处理。处理后在该领域中的十大热度排行的专题如下表所示：

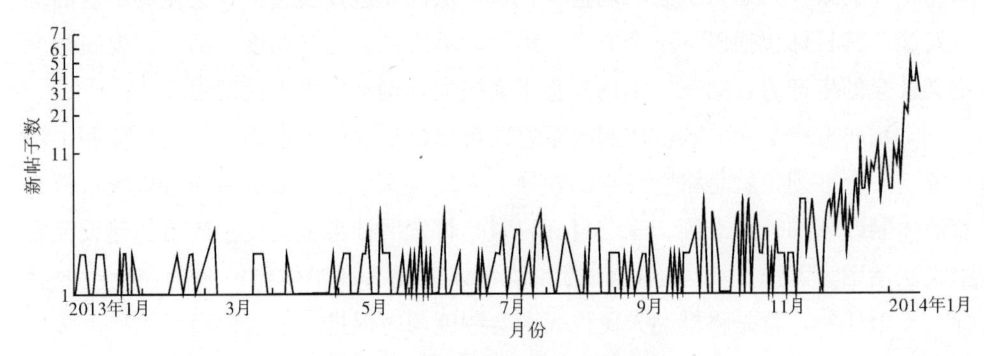

图5-1　热点专题舆情热度变化图

表5-1　政治领域相关的十大热点专题

热点专题	发布时间	热度	参与度	负面指数	受众影响力
从养老金并轨狡辩到“整风”欲离职	2014-01-10	1	1	0.610	0.151
中国人民解放军保护人民生命财产	2013-11-23	0.940	0.538	0.009	0.873
日照市委市政府为违法商人当保护伞	2013-10-15	0.883	0.627	0.035	0.813
让“葫芦案”回归公正	2013-11-11	0.878	0.998	0.399	0.312
贵州省黔南州中院法官心比墨黑	2014-01-10	0.759	0.899	0.318	0.091
八公桥镇政府副书记无国法党纪	2013-10-15	0.726	0.478	0.825	0.079
福州市仓山区法院严重违法	2013-12-27	0.716	0.362	0.070	0.512
无锡的法治将走向何方	2013-11-29	0.714	0.391	0.232	0.474
有多少贪官廉政课后会自首	2013-10-01	0.700	0.799	0.857	0.071
江苏省高院行政庭法官蔡霞严重贪赃枉法竟无人监管	2013-10-08	0.289	1	0.47	0.15

从表 5-1 可知，政治领域的热点专题中养老金双轨问题、法治问题以及反腐倡廉问题得到大家高度关注，而且负面指数和受众影响力也相对较大。同时，根据本书的指标体系定义，对上述热点专题进行热度以及参与度的计算，从计算结果以及对这些问题的分类来看，民众关注的也主要是这些问题。因此，本章从养老金双轨制改革问题、法治问题以及反腐败问题三个关键的热点专题对政治领域改革的网络舆情进行深入分析。

5.2　政治领域热点词对比分析

近年来，政府一直在加强政治领域内的改革与建设，从十七届三中全会中以农村为主的党政的建设，到 2013 年政府报告中提倡的反腐倡廉建设，再到十八届三中全会中发展社会主义民主政治，保证人民当家做主，都反映了国家对于党政建设重视程度。本书将之前召开的三次会议（十七届三中全会、2013 年政府工作报告和十八届三中全会）的热点词和词频进行了统计分析，其中统计出现次数（词频）较高的前 20 个作为关键词，并针对这些热点词的分布进行分析，其中热点词以及词频数如表 5-2 所示。

表 5-2　三次报告的热点词和词频

十七届三中全会		政府工作报告		十八届三中全会	
热点词	词频	热点词	词频	热点词	词频
农村	40	政府	14	制度	11
工作	20	发展	11	政治	5
建设	18	行政	9	民主	5
党员	18	建设	8	发展	3
组织	18	监督	7	权力	3
农民	15	合作	7	科学	2
基层	15	开放	6	社会主义	2
干部	12	人民	6	基层	2
领导	9	两岸	5	体系	2
党	8	权力	5	机制	2
机制	8	决策	5	人民	2
民主	8	依法	5	人民代表	2
管理	8	民主	5	政府	1
改革	7	改革	4	腐败	1
教育	7	审批	4	体制	1
监督	7	政策	3	合作	1
村民	6	经济	3	清明	1
群众	6	协调	3	干部	1
党委	6	制约	3	群众	1
乡镇	5	制度	3	民族	1

从表5-2可以看出，在三次报告的热点词统计中，“民主”一词出现率最高，表明我党将大力发展社会主义民主政治，同时注重健全民主制度、丰富民主形式，充分发挥我国社会主义政治制度优越性。“权利”一词在政府工作报告和十八届三中全会报告中的共现率较高，从两次报告中可以看出，加强反腐倡廉的建设，让权力在阳光下运作是党政建设的重要方法。同时，在表中的热点词频中可以看出，“人民”一词在两次报告中出现的频率较高，体现了我党在党政建设过程中，一切以人民的利益为重，坚持以人民为主体开展各项建设的宗旨。“制度”一词出现的频率也比较高，在十七届三中全会中利用很大的篇幅提出围绕农村的党政建设以及基层干部的队伍建设，体现了我党对农村政治体制改革的重视程度。在政府工作报告和十八届三中全会中，更是强调完善社会主义制度的重要性，同时要发挥社会主义制度的优越性。

5.3　专题1：养老金“双轨制”改革

养老金双轨制，是计划经济时代向市场经济转型期的特殊产物，指不同用工性质的人员采取不同的退休养老金制度。企业职工实行由企业和职工本人按一定标准缴纳的“缴费型”统筹制度；机关和事业单位的退休金由国家财政统一发放。“双轨制”问题始于1995年，国家率先对企业养老制度进行社会保障改革，实行企业和个人共同承担为内核的“统账结合”模式。机关和事业单位未列入改革范围，依旧由国家财政完全拨付。这就形成了在养老制度上，企业和机关事业单位两种截然不同的“双轨”模式。根据已发布的统计数据表明，在企业，退休金按照其交纳的养老保险费以及当年的社会平均工资等因素计发；而机关和事业单位，则依据其工龄和退休前的工资计发。在1990年，中国企业和机关职工年人均离退休费分别为1664元、2006元，差距并不大。而到了2004年则分别为8081元、16 532元，前者仅是后者的48.80%，差距十分明显（数据来源于百度百科）。

随着改革开放的不断深入，“双轨制”的弊端越来越明显，同等学历，同等职称，同等职务，同等技能的人因退休时的单位性质不同，退休金差距大。养老“双轨制”显示出制度上的不合理，二者待遇差距明显，有失公正。养老、医疗等社保属于以公平为目的的二次分配范畴，必须让二次分配尽快回归本意，长期“双轨制”有失公平。由于养老制度改革是政治体制改革中与民生关系甚为密切的关键性问题，一直是网络中网民关注的焦点性问题。

5.3.1　专题发展趋势

在互联网上，广大群众对于“养老金双轨制改革”也展开了激烈的讨论，图 5-2 是从“养老金双轨制改革”中抽取出 3 个网民参与较多以及有着迅速增长趋势的帖子，下面针对上述三个帖子在 2013 年度的发展与深化趋势进行了专题分析，图 5-2 显示了这三个专题的舆情发展趋势。

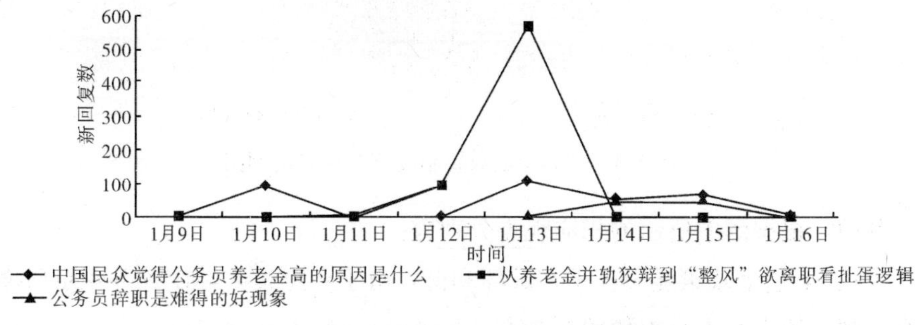

图 5-2　“养老金双轨制改革”专题趋势图

2013 年 1 月 9 日在天涯论坛中发布的“中国民众觉得公务员养老金高的原因是什么?”的帖子，该帖子一经发表，就吸引了不少网民的关注与参与；随后在 2013 年 1 月 10 日和 2013 年 1 月 13 日，分别发表的“从养老金并轨狡辩到‘整风’欲离职看扯蛋逻辑”以及“公务员辞职是难得的好现象”两个帖子让更多的网民参与到了相关问题的讨论中，我们将这三个帖子作为舆情热点，对其结构特征与传播特征进行相关的分析。

另外，在专题内的帖子被广泛传播过程中，大量的网民针对所发表帖子的观点进行了回复，其中，也产生了一些具有一定影响力的新观点，并引发了更多网民的关注和讨论参与，尽管新观点基本还是发帖者的观点延伸，但是也体现出了网民们讨论的建设性建议，下面对“养老金双轨制改革”专题中所存在的观点进行分析。

5.3.2　观点分类与观点列表

1. 专题主要观点挖掘列表

通过上述的网络数据信息，分析此专题中网民在帖子中发表的全部言论，针对网民在回复过程中的观点挖掘与倾向进行语义的处理，经过文本清洗、语义分析、观点聚类这三个核心步骤，提取到以下 6 个核心观点，且持有这 6 个观点的用户占整个用户分布的比例数据如图 5-3 所示。

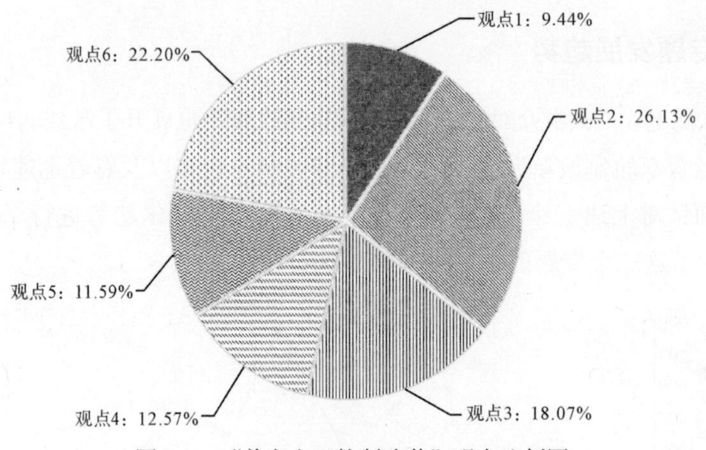

图 5-3 “养老金双轨制改革”观点比例图

其中，根据图中所示的相应观点分别为：

观点 1：这个政策显失公平，破坏和谐，由于差距过大，使各方面矛盾增多。持有该观点的人数占总人数的 9.44%。

观点 2：这个政策搅乱了就业秩序，导致很多年轻人争相考公务员。持有该观点的人数占总人数的 26.13%。

观点 3：这个政策影响了党的形象与政府威信。持有该观点的人数占总人数的 18.07%。

观点 4：这个政策不利于机关单位的思想建设。持有该观点的人数占总人数的 12.57%。

观点 5：应该将公务员纳入社保缴费系列，使养老制度更加公平。持有该观点的人数占总人数的 11.59%。

观点 6：应该降低公务员的退休金，提高企业人员的退休金，达到基本平衡。持有该观点的人数占总人数的 22.20%。

综上可以看出，讨论最热门的四个观点分别是：观点 1、观点 2、观点 3 和观点 4，且持有观点 1、观点 2、观点 3 和观点 4 的用户人数占参与本专题总人数的比例高达 66.20%；其次，观点 5“应该将公务员纳入社保缴费系列，使养老制度更加公平”和观点 6“应该降低公务员的退休金，提高企业人员的退休金，达到基本平衡”也引起了较多的讨论。其中，持有相应观点的用户人数占参与该专题总用户数的 33.79%。由此说明，人们对目前养老金政策产生的社会影响与副作用以及对应的解决方案等都较为关注，因此有必要着重对这其中的一些观点进行研究与分析。

2. 观点分类

通过针对网民发表的评论与回复的内容，统计分析相关观点和讨论所涉及的热点词汇和重要领域，通过针对文本的分词、去噪、清洗、过滤等步骤，聚合出关于“养老双轨制度”专题的发展演化过程中存在的 8 个关键特征词汇，分别是：公平、特殊化、社保、平衡、和谐、就业、分配、制度。

根据观点涉及的特征词汇和观点所涉及的领域以及网民发表的各个观点内容本身之间存在的相关性与差异性，可以将上述 6 个观点进行进一步聚类分析后，形成以下两大类观点：

1）分类观点一：公务员退休金过高存在弊端

此分类观点包含了以下几个关键特征词：公平、和谐、就业、特殊化、分配，对应的详细观点包括：

观点 1：这个政策显失公平，破坏和谐，由于差距过大，使各方面矛盾增多。

观点 2：这个政策搅乱了就业秩序，由于差距过大，导致很多年轻人争相考公务员。

观点 3：这个政策影响了党的形象与政府威信，差距悬殊的分配政策，严重影响了党“执政为民”的执政理念。

观点 4：这个政策不利于机关单位的思想建设，差距过大的结果，很容易让公务员产生优越感，把自己当成特殊人群。

2）分类观点二：解决养老金“双轨制”的方案

此分类观点包含了以下几个关键特征词 ：平衡、社保、制度。对应的观点包括：

观点 5：应该将公务员纳入社保缴费系列，使养老制度更加公平。

观点 6：应该降低公务员的退休金，提高企业人员的退休金，达到基本平衡。

上述分类观点的用户分布比例如图 5-4 所示。从图 5-4 可知，66.00％的网民在参与“养老金双轨制改革”讨论中，提出的观点绝大多数集中在公务员退休金过高的弊端讨论上，可见养老金“双轨制”在普通民众中饱受争议，对该制度的改革也到了势在必行的时候了。在评论中，网民纷纷提出养老金“双轨制”的弊端，也表示了对目前这种制度的不满，体现了普通民众对于养老金“双轨制”改革的迫切需求。

其次，34.00％的网民对如何进行改革纷纷出谋划策并进行理性的建议。其观点主要集中在让公务员也加入社保的行列和平衡养老金的发放（即降低公务员或提高企业养老金）这两个方案上。

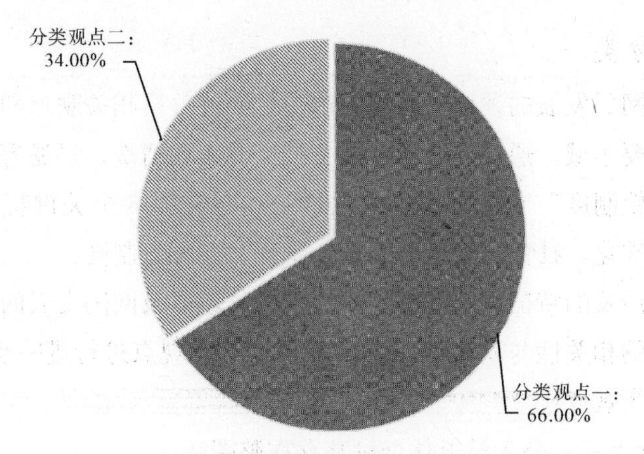

图 5-4　“养老金双轨制改革”观点分类比例图

3. 观点分类详细分析

为了更好地对相应的观点分类进行深入的分析，本节报告对每一个分类观点内的网络用户分布以及网络民意进行了分类处理，希望通过网络用户的反馈真实信息来反映他们对这一些问题的思考与建议。

1）分类观点一：公务员退休金过高存在弊端

在进一步的数据分析与研究中，我们对网民针对“公务员退休金过高存在弊端”主题内的观点进行深入梳理与分析，其中在该分类观点中，还存在 4 个细分的子观点，相关详细子观点的人群分布比例如图 5-5 所示。

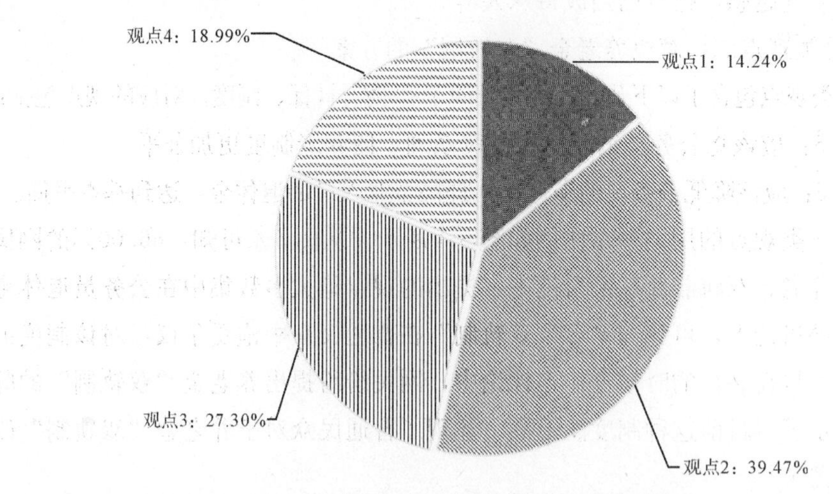

图 5-5　分类观点一细分子观点比例示意图

观点 1：14.24%的网民认为公务员退休金过高显失公平，破坏和谐，由于差距过大，使各方面矛盾增多。由于差距过大，使贫穷的企业人员（垄断行业除外），特别是退休与下岗人员相对更为贫穷，富有的机关与事业单位人员以及退休人员更为富有，网民普遍认为这一分配政策不公平、不合理、不协调。就如网民“山城鹏哥”所说：

“凭什么公务员退休金就要比普通人高，太不公平……”

观点 2：39.47％的网民认为公务员退休金过高影响了党的形象与政府威信。差距悬殊的分配政策，严重影响了党“执政为民”的执政理念。使党与政府的政策在威信上大打折扣，使“权为民所用”，“利为民所谋”成为一句空话。就如网民“天涯过客”所说：

“什么‘三个代表’，什么‘执政为民’，都是光说不练，全是瞎扯。”

观点 3：27.30％的网民认为公务员退休金过高，搅乱了就业秩序，由于差距过大，导致很多年轻人争相考公务员。公务人员的工作既稳定、收入又很可观，可谓权、利俱佳，这就极易造成千军万马都挤独木桥的态势，弄得别的行业人员工作很不安心，特别是年轻人恐怕更是这样。就如网民“湍湍”所说：

“公务员福利好，相对又轻松，能考得上公务员谁不考啊。”

观点 4：18.99％的网民认为公务员退休金过高不利于机关单位的思想建设。差距过大的结果，很容易让公务员产生优越感，把自己当成特殊人群。就如网民“不看不知道”所说：

“还说什么人民公仆了，不让人民给他们当仆人就不错了，一个个自以为是，也不知道优越感哪里来的。”

2）分类观点二：解决养老金“双轨制”的方案

在本分类观点的进一步数据分析与研究中，发现该分类观点下还存在着两个主要的细分子观点，相关详细子观点的人群分布比例如图 5-6 所示。

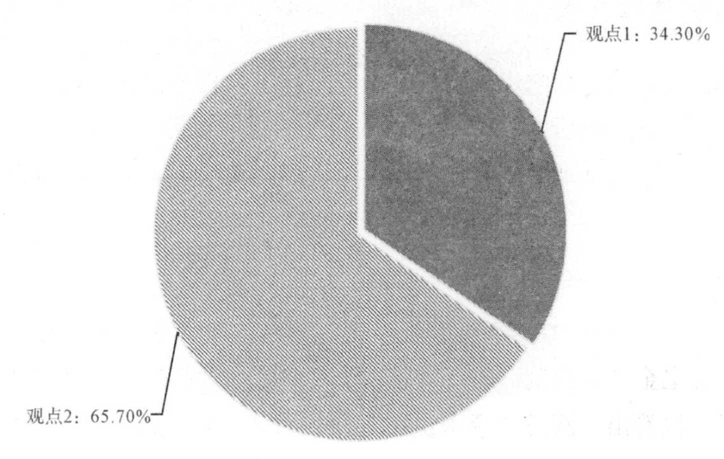

图 5-6　分类观点二细分子观点比例示意图

观点1：34.30%的网民认为要解决养老“双轨制”这个问题，应该将公务员纳入社保缴费系列，使养老制度更加公平。在建设和谐社会的今天，养老“双轨制”已成为公众追求公平、正义的“顽石”，必须搬掉。就如网民“浆糊”所说：

“不缴社保，退休以后拿的却更多，平时也没啥事，我也考公务员去。”

观点2：65.70%的网民认为要解决养老制度“双轨制”这个问题，应该降低公务员的退休金，提高企业人员的退休金，达到基本平衡。如网民“乐呼呼”所说：

“公务员的退休金莫名其妙的高太不合理了，必须降低点，或者提高企业职工的退休金，至少不能让人看着如此悬殊吧。”

4. 观点总结

养老金“双轨制”一直饱受争议，社会上要求取消“双轨制”，实行养老金并轨的呼声也越来越高。这在本质上也是对现在的政府机构改革提出了新的要求。有学者认为，取消养老金“双轨制”势在必行，而解决办法只有一个，就是通过政治体制的改革，为机关事业单位建立与企业职工相似的社会养老保险制度，真正实现缴费义务平等、制度结构相同、待遇计发办法一致。

由于养老制度是中国社会保障的核心组成部分，不仅反映出迫切需要对政府机构与机制进行调整，特别是通过该问题的改革以实现公平与正义；同时，该问题作为民生工程的一部分，对我国经济发展，促进内需以及产业结构的调整也具有重要的意义，因此，多年来一直成为了网络论坛中网民热议的焦点问题之一，对于养老金制度在我国的政治体制改革的过程中如何优化其顶层设计，网民拭目以待。

5.3.3 专题传播趋势

专题的传播趋势也反映出了网民在该专题讨论过程中存在的相关事件以及事件的传播的全生命周期所产生的影响。一般地，专题信息的传播出现的异常拐点往往反映了某个事件突然爆发，而专题在网络中的传播影响力与流量也反映了其在传播过程中的相关特征。

1. 影响力

利用2013年1月的数据来分析研究该专题内的热点事件随着时间的演化过程。其中，养老金“双轨制”改革问题在1月中旬的时候达到了高峰。分析该专题下的帖子可以看出，网民“帝国良民”在1月10日发表的帖子“从养老金并轨狡辩到‘整风’欲离职看扯蛋逻辑”以及网民“天涯海角客1”在1月10日发表的帖子“中国民众觉得公务员养老金高的原因是什么?”，把民众对养老金“双轨制”改革的讨论推上了高峰。如图5-7所示，该专题内事件的响应日流量数据可以清晰地看出这一专题的演化过程。

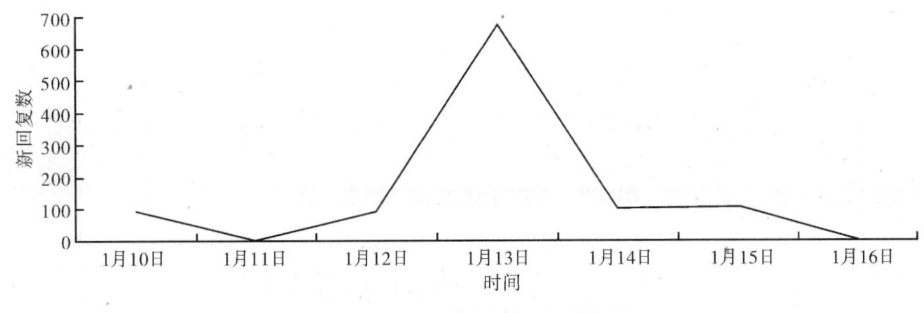

图5-7　专题日流量变化趋势图

如图5-8，从专题的用户参与的总流量趋势可以看出，过滤掉一些重复无意义的回复内容后，针对养老金双轨制问题的讨论中有意义的回复量在1月中旬就已超过了1000条左右，并且呈现出继续上升的趋势。这也说明该专题受关注的程度也在不断地增加。

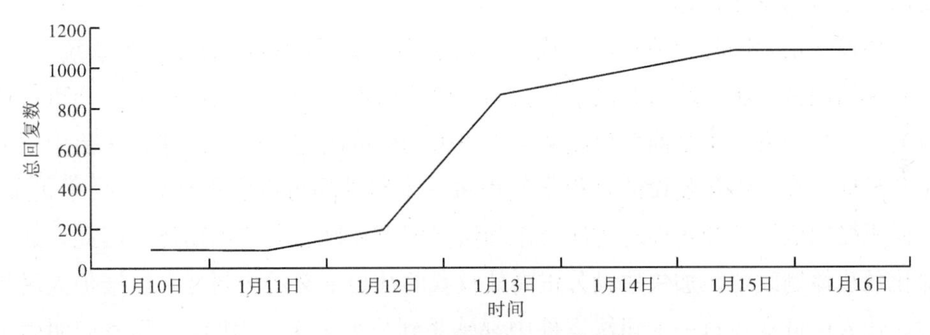

图5-8　专题总流量时间趋势图

2. 传播情感分析

利用Hownet建立的一个有效的中文情感词库，通过对该专题内所有的帖子以及回复留言的内容进行分词与情感语义的处理之后，发现网民对养老金“双轨制”问题的讨论一直是负面情感居多，且随着讨论的深入进行，负面情感变得越来越多，说明了网民对于养老金“双轨制”这个问题强烈的不满，以及对于改革信心的不足。这就给政府敲响了警钟，政府在养老金“双轨制”改革这个问题上应该提出真正切实可行的政策，在现实生活中让普通老百姓感受到改革带来的好处，提高民众对政府的信任和依赖。该专题的情感变化如图5-9所示。

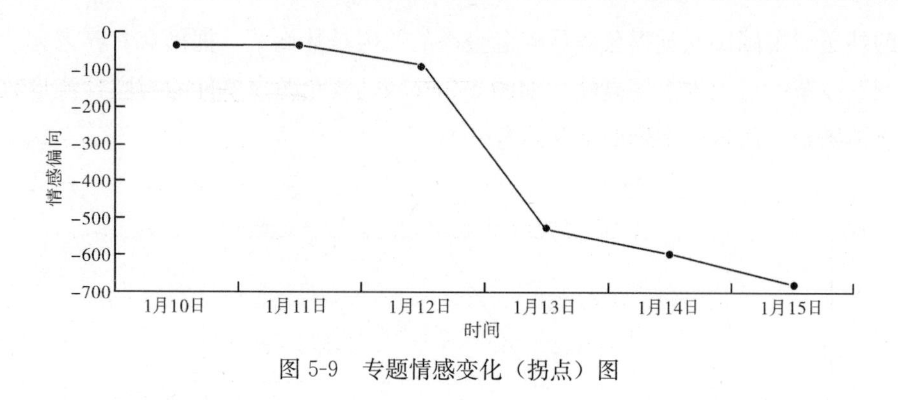

图 5-9　专题情感变化（拐点）图

5.4　专题 2：建设法治中国

经过改革开放三十多年来的法治发展，中国特色社会主义法律体系已经形成。法律已成为约束人们行为的规范和维护社会秩序的必要手段，目前我国在社会活动各方面基本实现“有法可依”的条件下，法治国家建设的主要任务将从加强立法转向更加注重法的实施，强调通过严格执法、公正司法和全民守法实现建设法治中国的总体目标。

建设法治中国是一项立法、执法、司法和守法共同推进的综合性系统工程，需要法治国家、法治政府和法治社会的一体化建设。中共十八届三中全会审议通过的《中共中央关于全面深化改革若干重大问题的决定》中提出建设法治中国的奋斗目标，在一体化建设的过程中使得每一个案件均可以实现社会的公平正义，从而积极回应了社会各界对司法公正和法治国家建设的关注和期待。因此，通过深化司法体制改革，加快建设公正高效权威的社会主义司法制度，以维护人民权益，让人民群众在每一个司法案件中都感受到公平正义。“决议”为我们明确了新时期全面推进法治中国建设的总体思路，对下一阶段的法制建设有着重大的指导意义和促进作用。

5.4.1　专题发展趋势

在互联网上，广大群众对于“建设法治中国”也展开了激烈的讨论，如图 5-10，从“建设法治中国”专题下抽取出网络用户参与数较多并且有着迅速增长趋势的帖子，下面我们就从其中两个帖子的舆情趋势来对该专题进行分析。

网民“xyguo”在 1 月 13 日在天涯论坛上发表的“让‘葫芦案’回归公正”一帖中的回复“只是希望我们国家的法治能够更加健全健康”，从而把民众对法治

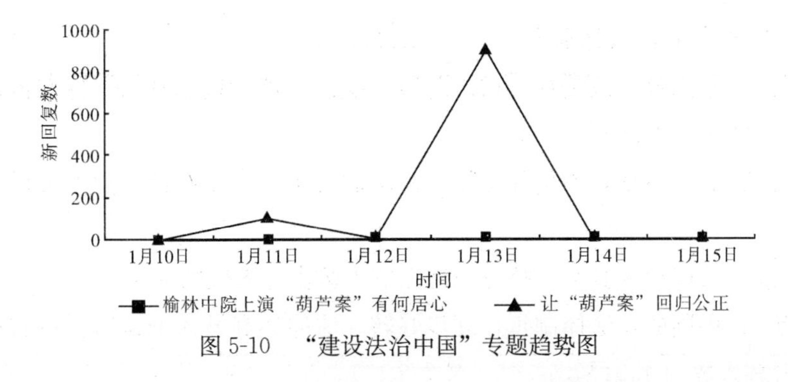

图 5-10　“建设法治中国”专题趋势图

问题的讨论推上了高峰，一天内，网络中参与讨论与回复的用户达到近 900 人次。而这些网民针对所发表帖子的观点进行回复的过程中，也产生了一些新的且具有一定影响力的观点，并引发了网民的关注和讨论，下面我们将这些帖子作为舆情热点案例，对该专题的舆情结构和传播特征进行深入分析。

5.4.2　观点分类与观点列表

通过上述的网络数据信息，针对网民在回复过程中的观点挖掘与倾向进行语义的处理，形成了本话题内的核心观点。

1. 专题主要观点挖掘列表

分析此专题中网民在帖子中发表的全部言论，参考十八届三中全会报告中涉及的热点词，经过文本清洗、语义分析、观点聚类这三个步骤，提取到 8 个核心观点，这8 个观点占整个用户分布的比例数据如图 5-11 所示。

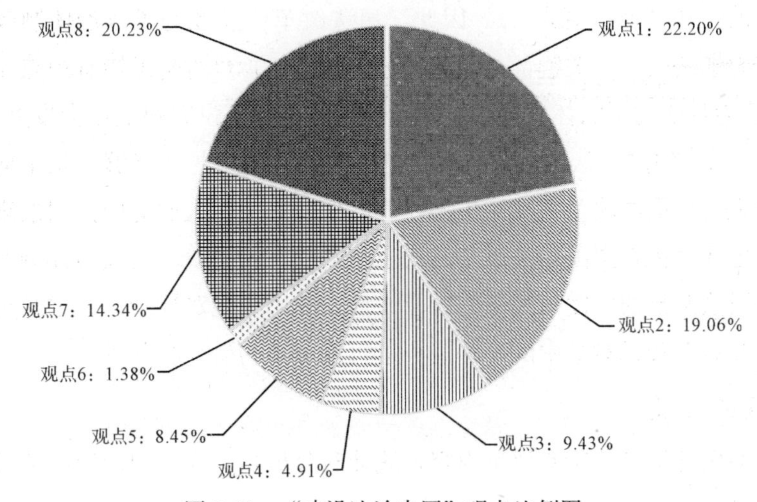

图 5-11　“建设法治中国”观点比例图

其中，相应的观点分别为：

观点1：中国处于法治社会初级阶段，执法不严，徇私枉法。持有该观点的人数占总人数的22.20%。

观点2：有法不依，不信任法律，违法监督不力。持有该观点的人数占总人数的19.06%。

观点3：法律存在真空。持有该观点的人数占总人数的9.43%。

观点4：中国的司法体制正在逐步好转，法律逐渐被人们认同。持有该观点的人数占总人数的4.91%。

观点5：法律好转进程很慢，跟不上社会发展速度。持有该观点的人数占总人数的8.45%。

观点6：走到法治社会的道路是大多数人的普遍理想。持有该观点的人数占总人数的1.38%。

观点7：法律法规不仅需要精英层次的参与，同样也需要普通民众的参与。持有该观点的人数占总人数的14.34%。

观点8：加强社会监督，采用有建设性的建议，避免钱权建立在法律之上，且提高群众法律意识。持有该观点的人数占总人数的20.23%。

综上可以看出，讨论最热门的三个观点分别是：观点1、观点2和观点8，且持有观点1、观点2、观点8的用户人数占参与本专题总人数的比例高达61.5%；从这些观点中可以看出，这些网民普遍认为目前我国的司法体制中存在着许多问题，甚至有一些网民对目前的司法产生不信任感，而9.43%的网民认为法律目前存在真空（观点4）。因此，司法改革已经成为了政治体制改革过程中必须着力解决的一个关键性的问题；此外有13.36%的网民持有观点4或观点5，他们认为目前的司法体制正在好转过程中，但是还没有跟上社会发展的速度；另外有14.34%的网民认为法律还需要更多人的共同参与才能够真正走向法治社会。由此说明，司法改革关系到更多百姓的切身利益，人们对中国司法现状不满意的同时也在关注着中国司法改革的动态，期望在新一阶段的政治体制改革过程中，强化司法改革的力度与相关的顶层设计，否则可能对社会的公平与正义产生影响，因此本节着重对其中的一些观点进行进一步的研究与分析。

2. 观点分类

通过网民已发表的所有评论内容，统计和分析相关观点和讨论所涉及的热点词汇和重要领域，经过与前文相同的分词、去噪、清洗、过滤等步骤，聚合出

“建设法治中国”专题的发展演化的 9 个关键词特征词汇，分别是：执法、法律、真空、监督、进程、司法体制、法治社会、群众、社会监督。

根据观点涉及的特征词汇和观点所涉及的领域以及网民发表的各个观点内容本身之间存在的相关性与差异性，进行聚类分析后形成以下三大类：

1）分类观点一：我国的法治现状

此分类观点包含了以下几个关键特征词：执法、法律、监督、真空，对应的观点包括：

观点 1：中国处于法治社会初级阶段，执法不严，徇私枉法。

观点 2：有法不依，不信任法律，违法监督不力。

观点 3：法律存在真空。

2）分类观点二：对法治社会发展进程的评价

此分类观点包含了以下几个关键特征词：进程、司法体制、法治社会，对应的观点包括：

观点 4：中国的司法体制正在逐步好转，法律逐渐被人们认同。

观点 5：法律好转进程很慢，跟不上社会发展速度。

观点 6：走到法治社会的道路是大多数人的普遍理想。

3）分类观点三：建设法制中国的改进措施

此分类观点包含了以下几个关键特征词：群众、社会监督，对应的观点包括：

观点 7：法律法规不仅需要精英层次的参与，同样也需要普通民众的参与。

观点 8：加强社会监督，采用有建设性的建议，避免钱权建立在法律之上，且提高群众法律意识。

上述分类观点的用户分布比例如图 5-12 所示。

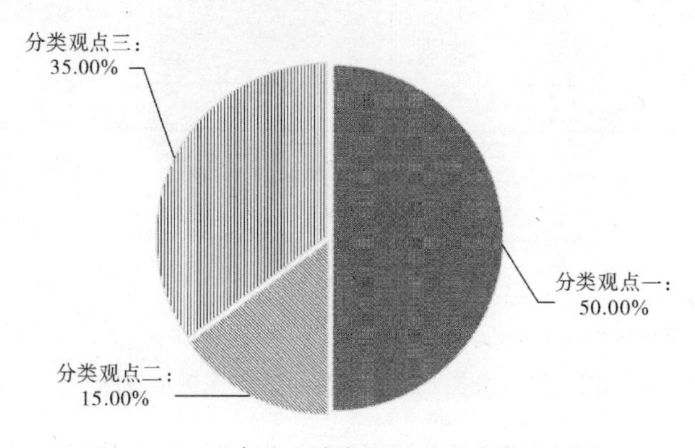

图 5-12　“建设法治中国”观点分类比例图

从图 5-12 中可知，在参与“建设法治中国”讨论的网民中，持有的观点绝大多数集中在针对我国的法治现状不满的讨论上。在评论中，许多网民纷纷提出了我国法治现状的弊端，也表示了对目前这种状态的不满，特别存在相当部分比例的用户认为我国的法治存在“真空”，甚至开始对司法失去了信任。这种情况的出现，使得政府应该充分认识到司法改革的必要性与紧迫性。其次，也有些网民对我国的法治进程做了评价，如总体在进步，只是速度比较慢。另外，还有一部分网民对如何进行改革纷纷出谋划策，其观点主要集中在促进民众的法律意识和加强社会监督这两个方面。

综上分析表明，目前，我国的司法改革与普通网络民众对于加强法治建设的迫切需求还存在一定的差距。加强民众的法律意识以及加强司法的社会监督已成了迫切要解决的关键性问题。

3. 观点分类详细分析

为了更好地对相应的观点分类进行深入的分析，本节对每一个分类观点内的网络用户分布以及网络民意进行了分类处理，希望通过网络用户的真实反馈信息来反映他们对司法改革相关问题的思考与建议：

1）分类观点一：我国的法治现状

在进一步的数据分析与研究中，我们对网民针对“我国的法治现状”主题内的观点进行深入梳理与分析，其中在本分类观点中，还存在 3 个细分的子观点，相关观点的人群分布比例如图 5-13 所示。

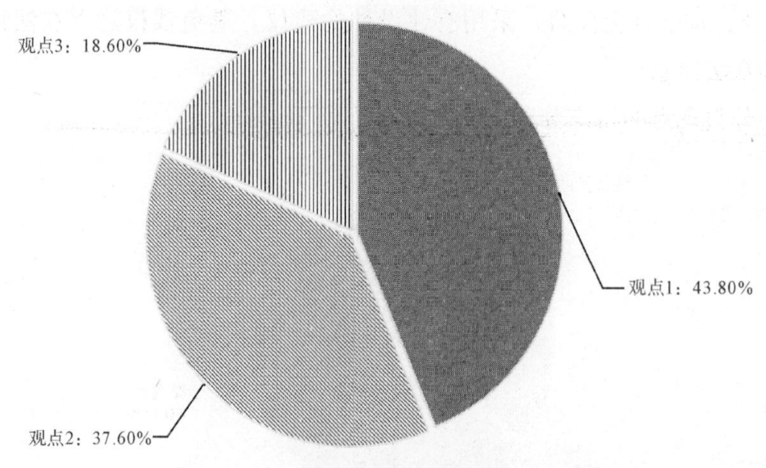

图 5-13　分类观点一细分子观点比例示意图

观点 1：43.80％的网民认为中国处于法治社会初级阶段，执法不严，徇私枉法。中国的法制现代化历程如果从清末预备立宪算起已经经历了近百年，改革开放以来的社会主义法制现代化建设也有了 20 多年的历史，但是我国现在在法制建设中还有很多不尽如人意之处，很多问题并没有得到很好的解决。如网民“BarbieGirl”所说：

“这样的事情这么多，上电视台曝光去，让大家都知道事实。颠倒黑白，朱法官这样披着人皮的狼，还是要远离点的好！”

观点 2：37.60%的网民认为中国存在有法不依、违法监督不力，而导致不信任法律。法治社会的建设，当前中国缺少的并非法律文本，而是存在有法不依、不信任法律、违法监督不力等颇为严重的问题，以至于官场腐败，食品安全、医药卫生等领域乱象丛生现象。如网民“goParty”所说：

“这种事见怪不怪法官不收黑钱才是怪。还有没有王法了，这种人当道真是瞎了眼。”

观点 3：18.60%的网民认为中国的法律存在着真空。随着社会的发展，出现了很多新事物，法律不可能涉及方方面面，必然存在真空，阻碍了我国法治发展进程。就如网民“我就是专家”所说：

“个人认为中国当前一个迫切需要解决的问题是，我们的‘软实力’还跟不上我们的‘硬实力’，存在着法律真空。”

2）分类观点二：对中国法治社会发展进程的评价

在本分类观点的进一步数据分析与研究中，发现该分类观点下还存在着 3 个主要的细分子观点，相关详细子观点的人群分布比例如图 5-14 所示。

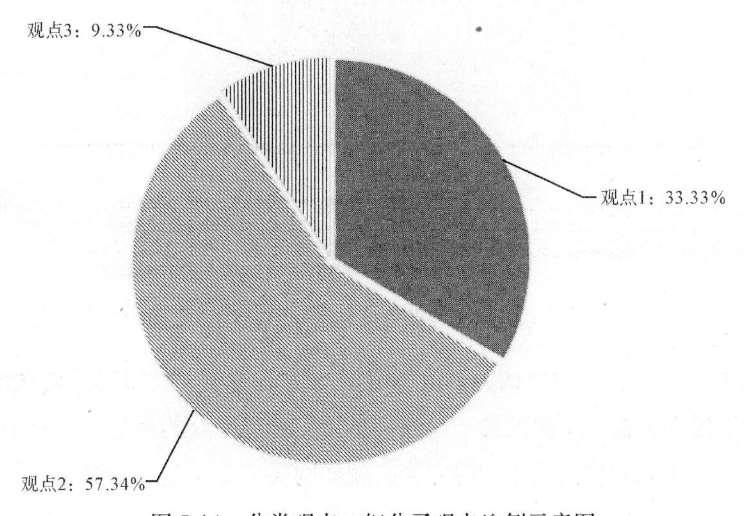

图 5-14　分类观点二细分子观点比例示意图

观点 1：33.33%的网民认为中国的司法体制正在逐步好转，法律逐渐被人们认同。新中国建立后，中国向法制现代化迈开了重要的步伐，在短短 20 年间，从我国国情出发，完成了西方国家上百年走过的立法路程，初步形成了以宪法为核心的社会主义法律体系。就如网民“超级奶爸”所说：

“虽然现在法律还存在很多漏洞，但是相比已经好很多了好吧。大家的法律素质也比几十年前提高了很多。”

观点 2：57.34%的网民认为中国法律好转进程很慢，跟不上社会发展速度。随着社会快速发展，虽然我国的法律制度也在不断完善，但还是出现了很多法律真空，正如网民“小黄人”所说：

“政府整天喊着建设建设，结果只注重了经济建设，滞后了法律法规的建设。”

观点 3：9.33%的网民认为走到法治社会的道路是大多数人的理想。随着法律制度的不断完善，人民教育水平和法律知识的不断提高，大多数的人还是希望生活在一个法治社会下。正如网民“xyguo”所说：

“只是希望我们国家的法治能够更加健全健康。”

3）分类观点三：建设法制中国的改进措施

在本分类观点的进一步数据分析与研究中，发现该分类观点下还存在着 2 个主要的细分子观点，相关详细子观点的人群分布比例如图 5-15 所示。

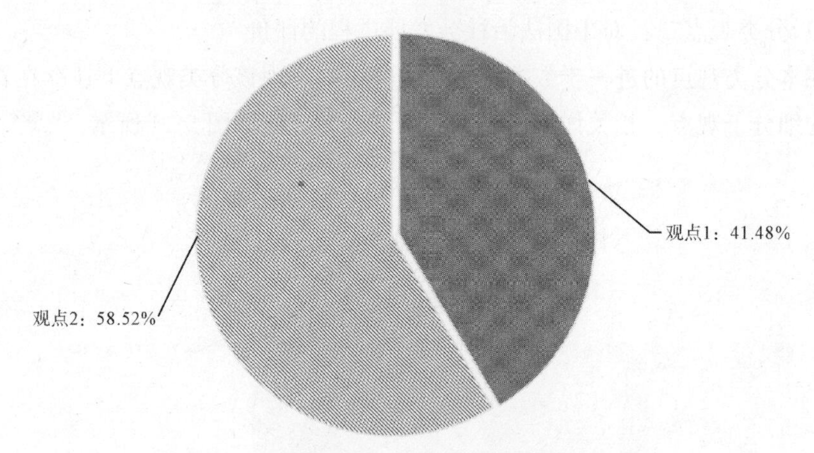

图 5-15　分类观点三细分子观点比例示意图

观点 1：41.48%的网民认为要改进中国的法治现状，就得提高群众法律意识。法律法规不仅需要精英层次的参与，同样也需要普通民众的参与，只有全民法律意识都提高了，才能加快法律法规的完善。就如网民“我不是一个杯具”所说：

“法律在坏人面前怎么就那么苍白？真是无语啊。中国人都有着一定的奴性，通过法律维权的意识还不够强。”

观点 2：58.52%的网民认为要改进中国法治现状，就得加强社会监督，采用有建设性的建议，避免钱权建立在法律之上。一方面，中国共产党多年来一直重视群众路线，群众的眼睛是雪亮的，人民心中都有一杆秤；另一方面，随着社会的不断发展进步，电视、报纸、网络等媒体的功能越来越强大，在反腐败中发挥的作用也越来越明显。政府应该鼓励新闻媒体对各种腐败现象予以公开曝光和披露，确保新闻自由对滥用权力行为的制约。如网民“bcl253221263”所说：

“越来越多这样的事情发生，说明舆论的曝光很重要。”

4. 观点总结

自十一届三中全会提出“发扬社会主义民主，加强社会主义法制”的目标以来，我国法制建设总体采取的是“立法先行”发展模式。在当时法制基础相对贫乏的条件下，建立起了一个相应的法律体系，并初步做到“有法可依、有法必依、执法必严、违法必究”。法律的生命在于被赋予真正意义上的实施，一个公正高效权威的司法体系，对于保证真正意义上的法律实施意义更为凸显。这是因为，司法是社会公平正义的最后一道防线。如果民众尊重和信赖司法，这种尊重和信赖将有助于克服政府执法的缺陷；如果他们失去了对司法的信任和尊重，则他们对法律和秩序的尊重将会消失，从而对社会造成极大的危害。

目前，我国在司法体系的建设中还存在着一些不尽如人意之处，很多问题并没有得到很好的解决。特别是当前我国正处于社会转型期，社会矛盾较为突出，整治好这些问题就必须做好法制现代化的工作，真正发挥好司法机关的作用。针对这些问题，党的十八届三中全会中也提出要进一步加强我国的法制建设，坚持走依法治国的道路，把我国建设成为法治强国。更多地了解网民以及社会草根大众的实际问题，通过加强司法改革，中国最终会扎实地在走在法治社会的道路上。

5.4.3　专题传播趋势

专题的传播趋势反映出了该专题内的事件传播影响的全生命周期过程。专题信息的传播出现的异常拐点往往反映了某个事件突然爆发或者是专题在网络传播中影响力与流量的变化特征。我们采用这两组指标来对网络中的存在的趋势进行分析。

1. 影响力

利用 2013 年 1 月的数据来分析研究该专题内的热点事件随着时间的演化过程。其中，网民对法治问题的讨论在 1 月 13 日达到了高峰。分析该专题下的帖子可以看出，网民“xyguo”在1月13日在帖子“让‘葫芦案’回归公正”中的回复“只是希望我们国家的法治能够更加健全健康”引起了广泛民众参与讨论的热情，但是这一个专题下的各类事件持续的时间有限，如图5-16所示，该专题内事件的响应日数据流量可以清晰地看出这一演化过程。

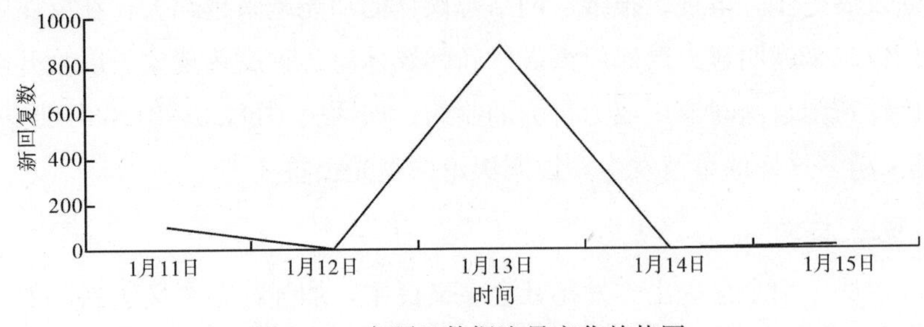

图5-16 专题日数据流量变化趋势图

如图5-17所示，从专题的用户参与的总流量趋势可以看出，过滤掉一些重复无意义的回复内容后，针对建设法治中国的讨论中有意义的回复量已超过了1000条，从1月中旬开始受到关注后，增长趋势迅速，但持续的时间较短。从图中也可以看出，该专题呈现出收尾状态。

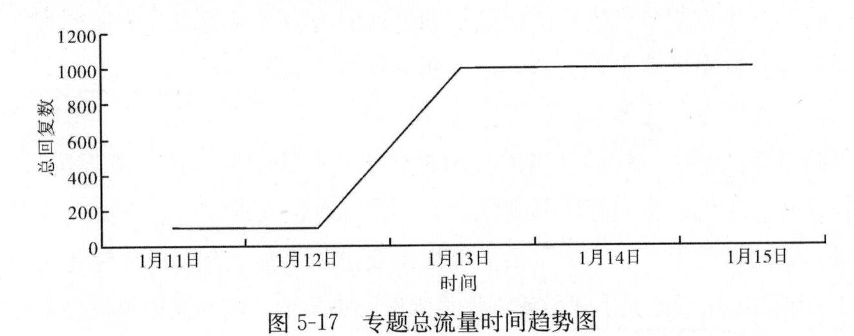

图5-17 专题总流量时间趋势图

2. 传播情感分析

利用Hownet建立的一个有效的中文情感词库，通过对该专题内所有的帖子以及回复留言的内容进行分词与情感语义的处理之后，发现网民对中国法治问题的讨论一直是负面情感居多，且随着讨论的深入进行，负面情感变得越来越多，说明了网民对于中国目前的法治现状表示不满，以及对其发展过程的不乐观态度，如图5-18所示。

这种舆情发展的趋势给政府敲响了警钟，政府在建设法治强国的问题上应该提出真正切实可行的政策，实事求是，同时提高全民的法律意识，增强社会监督，做到有法可依、有法必依。

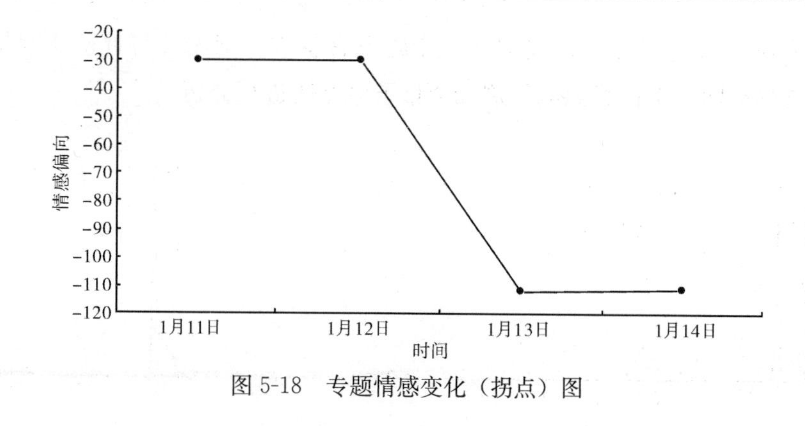

图 5-18　专题情感变化（拐点）图

5.5　专题 3：反腐倡廉

腐败现象迅速滋生和蔓延，引起了广大人民群众的强烈不满。腐败的实质是公共权力的滥用，反腐败的核心是制约和监督权力。当前，滋生腐败的土壤依然存在，反腐败斗争形势依然严峻复杂，一些不正之风和腐败问题影响恶劣、亟待解决。因此，应坚持和强化法治思维、法治方式，加快推进依法治国，不断完善惩治和预防腐败的法律法规制度体系，用法制约束权力，在法治框架下反对腐败，使反腐败走向规范化、制度化。特别是加强改革限权，用法治压缩腐败滋生空间。

腐败问题不仅成为了民众最为痛恨的问题，它也是我党必须解决的关键性问题。腐败问题高发的根源在于权力过大而得不到有效制约，如何推进反腐倡廉工作，重点还在于坚持标本兼治、综合治理、惩防并举、注重预防的方针，建立惩治和预防腐败体系，加强权力运行制约，让人民来监督权力。因此，解决腐败问题的根本出路在于公共权力的大幅退缩。特别是在政治体制改革的背景下，对政府与公权力进行合理与有效的监督成为关键。

在党的十八大召开之后，政企分离以及减政放权的政策实施，强调充分发挥市场的决定性作用，把公共权力限定在有限范围内发挥作用。同时，通过深化行政审批制度改革，继续简政放权，推动政府职能向创造良好发展环境、提供优质公共服务、维护社会公平正义转变。改革对政府而言是限权，对市场而言是松绑，对公民而言是赋权。从而使得网民对反腐倡廉这一问题的讨论又进入了一个新的热潮期。本节将对反腐倡廉相关的专题领域进行数据分析。

5.5.1　专题发展趋势

在互联网上，广大网民对于“反腐倡廉”展开了激烈的讨论，如图 5-19 所示，它反映了 2013 年度“反腐倡廉”专题下有着较多网民参与且迅速增长的帖子的舆情趋势图，下面我们就从这几个帖子对专题进行分析。

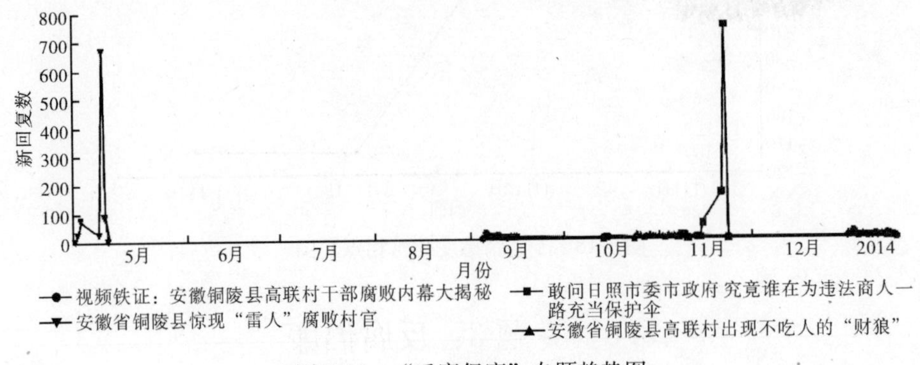

图 5-19　“反腐倡廉”专题趋势图

2013 年 5 月，网民在天涯论坛发表了一篇名为“安徽省铜陵县惊现‘雷人’腐败村官”一贴，引起了大量网民对“腐败事件”关注和参与讨论。随后，在 2013 年 11 月 21 日，网民“jiajia6236”在天涯论坛发表了一篇名为“敢问日照市委市政府究竟谁在为违法商人一路充当保护伞”的帖子，把民众对反腐倡廉问题的讨论推上了高峰。

由于帖子在专题内的传播过程中，大量的网民针对所发表帖子的观点进行了回复，其中，也产生了一些具有一定影响力的观点，并引发了网民的关注和讨论，下面对“反腐倡廉”的观点进行分析。

5.5.2　观点分类与观点列表

通过上述的网络数据信息，针对网民在回复过程中的观点挖掘与倾向进行语义的处理，形成了本话题内的核心观点。

1. 专题主要观点挖掘列表

分析此专题中网民在帖子中发表的全部言论，参考十八届三中全会报告中涉及的热点词汇以及相关的观点挖掘与倾向进行语义的处理，经过文本清洗、语义分析、观点聚类这三个核心步骤，提取到的 8 个核心观点，持有这 8 个观点的用户占整个用户分布的比例数据如图 5-20 所示。

图中，相应的观点分别为：

观点 1：人们的道德观念淡薄导致腐败。持有该观点的人数占总人数的 11.61%。

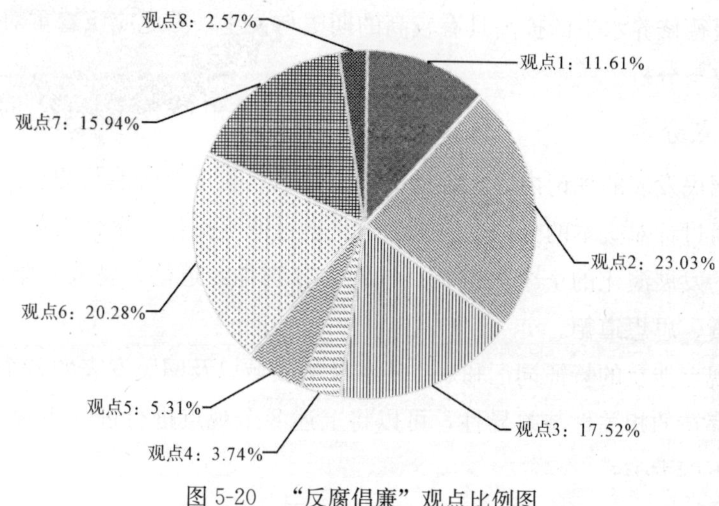

图 5-20　“反腐倡廉”观点比例图

观点 2：对权力的监督机制不完善，监督力度不够大导致腐败。持有该观点的人数占总人数的 23.03%。

观点 3：未能形成一套系统的、有效的法律规范机制导致腐败。持有该观点的人数占总人数的 17.52%。

观点 4：国家公职人员薪资偏低导致腐败。持有该观点的人数占总人数的 3.74%。

观点 5：加强思想道德建设来改善腐败现象。持有该观点的人数占总人数的 5.31%。

观点 6：加强监督机制来改善腐败现象。持有该观点的人数占总人数的 20.28%。

观点 7：加强法治管理来改善腐败现象。持有该观点的人数占总人数的 15.94%。

观点 8：提高国家公职人员的薪资来改善腐败现象。持有该观点的人数占总人数的 2.57%。

综上可知，讨论最热门的是观点 2，持有该观点的用户数占用户总人数的 23.03%，这表明大量的网民认为由于机制和体制存在问题，从而引起了大量的腐败现象；持有观点 6 的网民占了 20.28%，其核心观点在于加强监督机制的建设可以改善腐败现象的发生，两个观点均是针对监督机制的建设展开讨论的；其次，大约 33.46%的用户持有观点 3 或观点 7，即希望通过法律来限制腐败的发生。由此说明，人们对关于反腐败过程中的体制与机制的改革、法律的建设以及领导干部道德修养水平的提高具有较高的期望与关注，因此应该着重对这一些观点进行研究与分析。

2. 观点分类

分析网民发表的评论内容，统计分析相关观点和讨论所涉及的热点词汇、重要领域，通过针对文本的分词、去噪、清洗、过滤等操作，聚合出关于“反腐倡廉”专题的发展演化的 7 个关键特征词汇，分别是：道德、腐败、监督、完善、法律、薪资、思想道德。

根据观点涉及的特征词汇和观点所涉及的领域以及网民发表的各个观点内容本身之间存在的相关性与差异性，可以将上述 8 个观点进行进一步聚类分析后，分解为以下两大类：

1）分类观点一：导致当前腐败现象的原因

此分类观点包含了以下几个关键特征词：道德、腐败、监督、完善、法律、薪资，对应的观点包括：

观点 1：人们的道德观念淡薄导致腐败。

观点 2：对权力的监督机制不完善，监督力度不够大导致腐败。

观点 3：未能形成一套系统的、有效的法律规范机制导致腐败。

观点 4：国家公职人员薪资偏低导致腐败。

2）分类观点二：法治社会发展进程

此分类观点包含了以下几个关键特征词：道德、腐败、监督、完善、法律、薪资、思想道德，对应的观点包括：

观点 5：加强思想道德建设来改善腐败现象。

观点 6：加强监督机制来改善腐败现象。

观点 7：加强法治管理来改善腐败现象。

观点 8：提高国家公职人员的薪资来改善腐败现象。

上述分类观点的用户分布比例如图 5-21 所示。

从图 5-21 可知，在参与“反腐倡廉”讨论的网民中，56.00％的网民提出的观点绝大多数集中在导致当前腐败现象的原因讨论上，这一些原因涉及个人修养与个人收入，法律，监督机制等多个方面，这些探讨对于深入把握腐败现象的根源具有一定的研究意义。此外，由于腐败现象已经是由来已久的问题，并且引起了广大人民群众的强烈不满，44.00％的网络用户期望通过建立一个法治社会来降低“腐败”产生的土壤。特别是在法律与监督机制的建立上，一些网民也纷纷

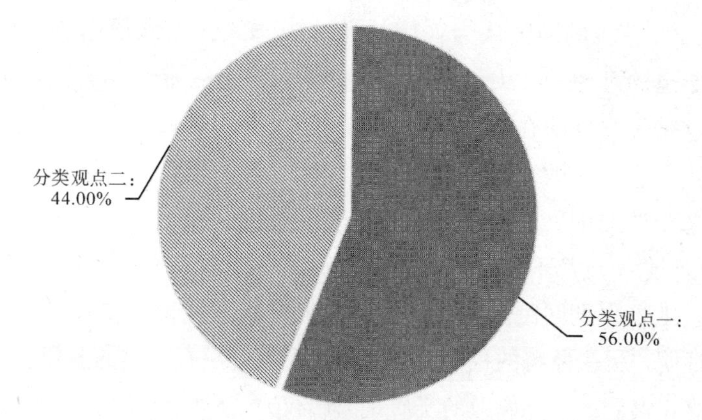

图 5-21　“反腐倡廉”观点分类比例图

提出了改善当前腐败现象的对策。因此政府应该响应民意，在加强立法建设，完善反腐败法律体系的基础上，不断加强监督制约，用法治防范权力滥用，从而从根本上改善这一状况。

3. 观点分类详细分析

为了更好地对相应的观点分类进行深入的分析，本节报告对每一个分类观点内的网络用户分布以及网络民意进行了分类处理，希望通过网络用户的真实反馈信息来反映他们对这些问题的思考与建议：

1）分类观点一：导致当前腐败现象的原因

在进一步的数据分析与研究中，对网民针对“导致当前腐败现象的原因”主题内的深入观点进行梳理与分析，其中在本分类观点中，还存在 4 个细分的子观点，相关详细子观点的人群分布比例如图 5-22 所示。

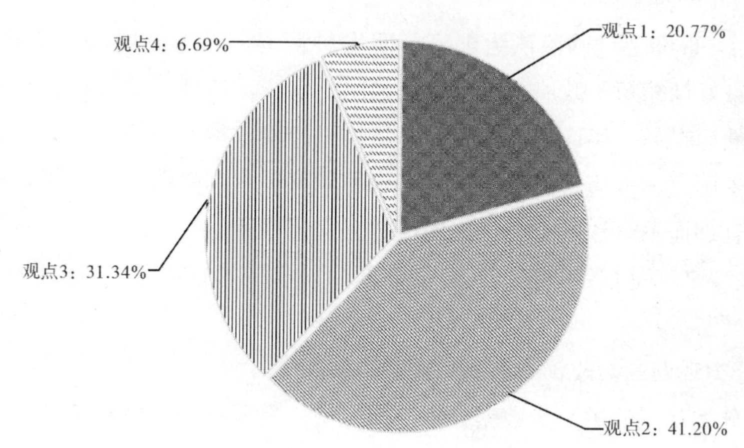

图 5-22　分类观点一细分子观点比例示意图

观点 1：20.77%的网民认为人们的道德观念淡薄导致腐败。当前，在社会转型期，由于道德理想的迷失、道德观念的错位、道德准则的失范，引起道德行为的失序。这种失序反映在政治生活方面便是权力的腐败，贪污、受贿、以权谋私等现象相当严重。腐败现象产生的原因固然很多，但人们的道德观念淡薄是其中一个不可忽视的原因。如网民“元月弯刀”所说：

“现在入个党一点都不难，不能说是党员就素质高，更可能相反!”

观点 2：41.20%的网民认为对权力的监督机制不完善、监督力度不够大导致腐败。实践证明，失去监督的权力，必然导致腐败。没有有效的监督，就不会有对腐败现象的真正遏制。权力腐败的实质是滥用权力，腐败现象的滋生蔓延反映了对权力的失控失监。改革开放以来，消极腐败现象之所以能乘隙而生，其中一个很重要的原因就是监督机制不完善，监督力度不够大。如网民“请叫我村长”所说：

“现在都新产生了一种工作是拦截上访者，某些人一手遮天，政府想管也管不到。”

观点 3：31.34%的网民认为未能形成一套系统的、有效的法律规范机制导致腐败。无论说服教育还是道德约束，缺少国家强制力的保障作为后盾，一般政策性规定的强制力也将十分有限。而法律作为一种特殊的规范，它不仅有说服教育和道德规范的功能，也可以使只顾个人需要而不顾法律规范要求的行为受到惩处。由于现阶段，中国社会仍缺少执法守法的传统，致使法治建设严重滞后，没有形成一套系统的、有效的法律规范机制对腐败现象进行预防、抑制和惩治。也部分导致了当前的反腐败斗争缺乏必要的法律依据和手段。就如网民“3555zhiji”所说：

“惩罚不够，贪上那么多，顶多坐几年牢，出来之后就可以潇洒快活了。如果都枪毙了，让他们再贪。”

观点 4：6.69%的网民认为国家公职人员薪资偏低导致腐败。从表面上看，低工资政策好像缩短了政府官员与人民之间的距离，达到了反对特权和实现公正的目的。然而在另一层面上反而助长了特权思想和各种不公正行为。在大多数亚非拉发展中国家，政府官员滥用特权、徇私舞弊、贪污受贿等行为正好成为低工资的一种合理而不合法的补充。如网民“盖盖盖”所说：

“古往今来都是权钱一家亲，官居要职却只拿微薄的收入，是我我也受不了，不贪干嘛。”

2）分类观点二：改善当前腐败现象的对策

在本分类观点的进一步数据分析与研究中，发现该分类观点下还存在着 4 个主要的细分子观点，相关细分子观点的人群分布比例如图 5-23 所示。

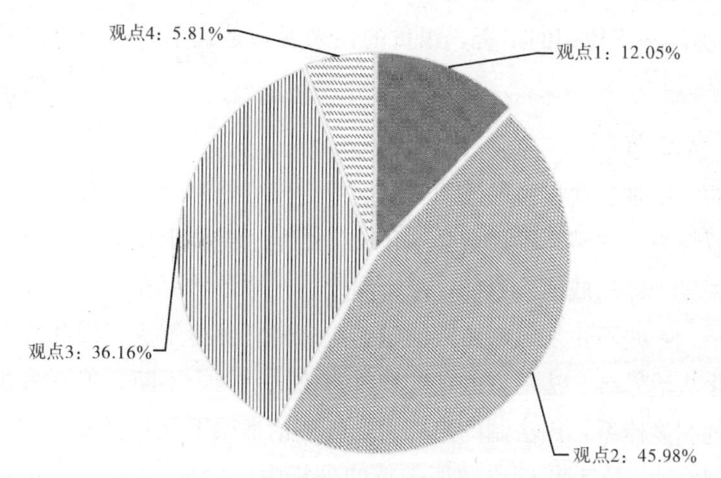

图5-23　分类观点二细分子观点比例示意图

观点1：12.05%的网民认为应该通过加强思想道德建设来改善腐败现象。在加强政治伦理建设时，要弘扬优良的德政传统，唤醒权力主体的自律意识，培育廉洁自律的政治氛围。如网民"newrock"所说：

"真正加强思想道德的学习，整个风气好了，一个个也就都不那么腐了。"

观点2：45.98%的网民认为应该通过加强监督机制来改善腐败现象。为了确保改革开放和社会主义市场经济的顺利进行，政府必须加强监督机制建设，以监督保廉，从而建立一个与市场经济发展相适应的权力运行机制，塑造一个勤政、廉洁、高效的人民政府形象。要以权制权，即通过在个人、群体和不同机构中合理配置权力，达到权力的相互启动与适度分散及平衡。如网民"水仙美人"所说：

"要是政府能把那些拦访者管一管，那些官员还会那么肆无忌惮么。"

观点3：36.16%的网民认为应该通过加强法治管理来消减腐败现象。惩治腐败，建设廉政，是综合治理的系统工程，需要运用教育的、行政的、法律的多种手段，才能取得成效。而在这诸多手段中，法律可能是最为有力的手段。正如网民"garfield"所说：

"应该明确的规定贪多少什么罪，加大刑法，等到所得利益超不过犯罪风险时，贪得人肯定就少了。"

观点4：5.81%的网民认为应该通过提高国家公职人员的薪资来消减腐败现象。为国家公职人员提供较高的工资收入和其他福利，一方面，可以促使优秀人才流进政府机构；另一方面，可以使一般公务员能够靠其正当的工资收入来维持中等或中等以上的体面生活，使他们较少有生活上的压迫感和危机感，从而能尽忠职守，也更易于抵制一些物质利诱。正如网民"橙子圈圈"所说：

“相对提高一下他们的工资，跟贪的钱来说真是九牛一毛，却会很大的减轻腐败的状况。”

4. 观点总结

腐败的实质是公共权力的滥用，反腐败的核心是制约和监督权力。特权是一种严重腐败行为，它破坏了社会公平正义，影响了党群干群关系，损害了党的形象和党员领导干部的威信。当前，滋生腐败的土壤依然存在，反腐败斗争形势依然严峻复杂，一些不正之风和腐败问题影响恶劣、亟待解决。因此，一方面，应坚持和强化法治思维、法治方式，加快推进依法治国，不断完善惩治和预防腐败的法律法规制度体系，用法制约束权力，在法治框架下反对腐败，使反腐败走向规范化、制度化。在利用网络数据进行的分析中也发现，33.46％的网民希望通过法律的手段来限制腐败的发生。

另一方面，腐败问题高发的根源在于权力过大而得不到有效制约，解决腐败问题的根本出路在于公共权力的大幅退缩以及监督制约机制的建立。而在利用网络数据进行的分析中，约 43.31％的网民希望通过加强监督机制的建设来达到消减腐败这一个影响社会与政权根基的现象的发生。一个好的制度机制，往往可以有效地预防和制止腐败现象的发生。因此，政府必须以法制规范权力，以民主监督权力，建立并完善以法律控制权力、以权力制约权力的制度和机制。通过规范运行流程，使隐性权力公开化、显性权力规范化。在法律法规的约束下，做到决策权、执行权、监督权既相互制约又相互协调，实现科学分权与相互制衡。此外，利用网络等科技手段，让人民行使监督权力，让权力在阳光下运行，最大限度地减少腐败问题滋生的体制障碍和制度漏洞。

5.5.3 专题传播趋势

在整个研究过程中，专题信息传播出现的异常拐点以及专题在网络传播中的影响力与流量往往反映了该事件传播过程中的相关特征。本节将针对相关专题的舆情在网络中的传播趋势进行梳理和分析。

1. 影响力

利用 2013 年天涯论坛的数据来分析该专题内的热点事件随着时间的演化过程。其中，网民参与的对反腐倡廉问题的讨论从 2013 年 5 月份就已经开始引起大量用户进行关注，而在 11 月 21 日达到了峰值。这一方面与十八届三中全会的召开存在着一定的关联；另一方面，通过分析该专题下的帖子可以看出，网民

“jiajia6236” 在 2013 年 11 月 21 日帖子“敢问日照市委市政府究竟谁在为违法商人一路充当保护伞”中的一份带有争议的回复将对反腐倡廉问题的讨论推上了高峰，且该事件的讨论一直延续到了 2014 年的 1 月（注：截止数据为 2014 年 1 月 15 日），如图 5-24，该专题内事件的响应日流量数据可以清晰地看出这一专题演化过程。

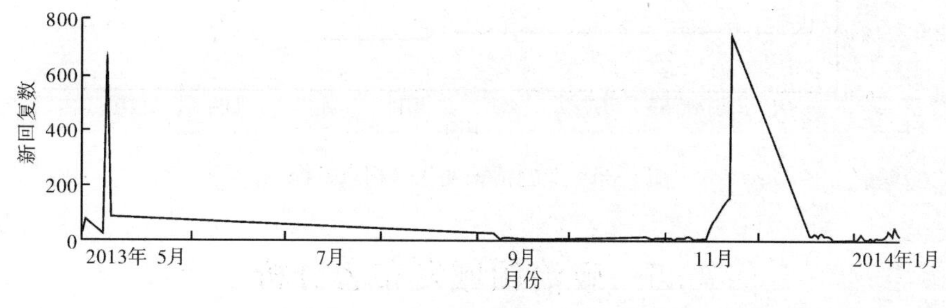

图 5-24　专题日流量变化趋势图

如图 5-25 所示，过滤掉一些重复无意义的回复内容后，在针对反腐倡廉问题的讨论中，有意义的回复量已达到 2500 条左右，从 5 月开始受到关注后，增长趋势平稳，自 11 月份起，参与的网民人数快速增加，说明该专题受关注的程度也在不断地增加。

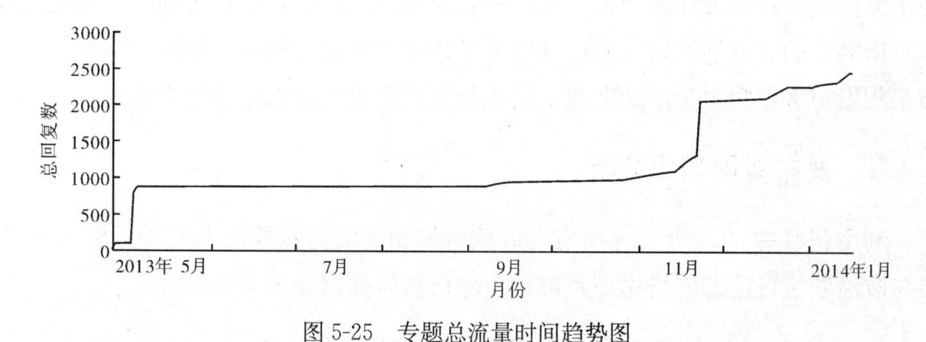

图 5-25　专题总流量时间趋势图

2. 传播情感分析

利用 Hownet 建立的一个有效的中文情感词库，通过对该专题内所有的帖子以及回复留言的内容进行分词与情感语义的处理之后，发现网民对反腐倡廉问题的讨论过程中一直是负面情感居多，且随着讨论的深入进行，负面情感变得越来越多，说明了网民对于中国现存的腐败现状强烈不满，以及对其发展过程的极不乐观态度。这就给政府敲响了警钟，政府在注重经济发展的同时也应该关注党政机关作风建设。整个专题的情感变化（拐点）如图 5-26 所示。

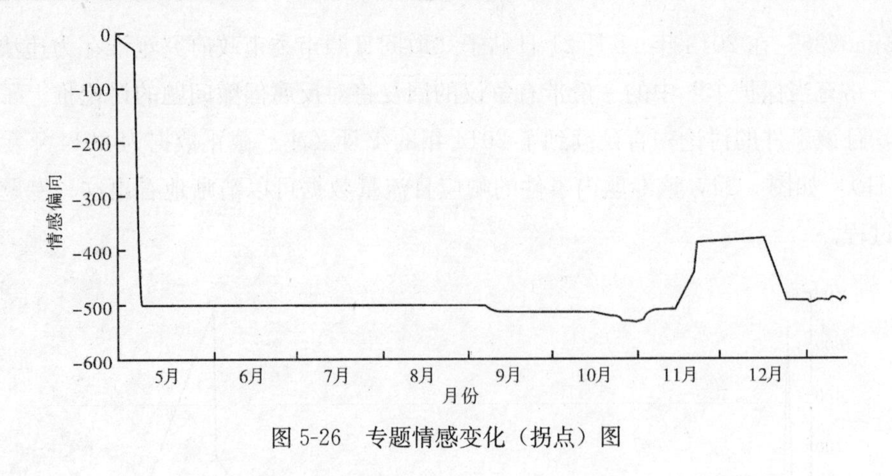

图 5-26 专题情感变化（拐点）图

5.6 政治领域发布者分析

在抓取网络中的信息与数据过程中，通过建立基于用户的“轮廓”模型，可以有效地分析和度量在整个政治体系改革领域中所有专题下的舆情动态以及舆情的发布者、参与者以及受到传播过程中影响的用户之间存在的联系，由于传播节点在网络中的影响力（即度数）与网络中的传播能力正相关。因此，通过对引起网络舆情发布者的关注度分析，可以有效地监测出网络舆情在传播与演化过程中具有影响力的意见领袖以及通过这些意见领袖对社会舆情的传播所产生作用。本节采用发布者影响力和活跃度两个简化指标来作为度量发布者的指标。

5.6.1 发布者影响力分析

利用获取的 2013 年全年所有与政治领域相关的内容数据来展开分析，其中，参与政治领域讨论的网络用户其影响力分析具体数据如表 5-3 所示。

表 5-3 发布者影响力数据表

用 户	粉丝数	发帖数	浏览次数	回复数	影响力
帝国良民	307	8	532 519	6 208	0.999 923 611
古月轩主 1	1 132	7	569 485	1 641	0.999 792 461
陕北黑脸汉子	18 871	3	5 407	763	0.999 502 735
中国公平 2011	26	5	3 182	739	0.999 475 374
jin 三三	15	8	2 839	233	0.998 923 534
为了你而发帖	66	2	2 871	155	0.998 423 611
雪花 11111	20	4	2 397	161	0.997 902 735

续表

用　户	粉丝数	发帖数	浏览次数	回复数	影响力
申诉控告	19	4	1 638	170	0.995 902 735
道路在脚下	16	6	1 910	129	0.995 436 702
周天医道生	30	1	1 243	102	0.995 275 374

表 5-3 显示出了在政治领域中用户影响力排在前 10 位的用户。且影响力指数的计算同第二章 2.1.2。其中，发布者“帝国良民”影响力几乎趋近于 1，可将其看作“意见领袖”，其余 9 位的影响力也在 0.995 之上，说明他们在论坛中的影响力也颇高。

5.6.2　发布者活跃度分析

活跃度指标也是进行舆情传播分析的关键性指标，它可以通过发布者的发帖数以及发布者本人参与的其他相关帖子的回复数来度量的，详细的计算参见 2.1.2。利用获取的 2013 年全年所有与政治相关的内容数据来展开分析，前十位参与政治领域讨论的网络用户其活跃度分析的具体数据如表 5-4。

表 5-4　发布者活跃度数据表

用　户	回帖数	发帖数	活跃度
江湖隐士之暗心	1 757	2	1
挖腐愚公	907	2	0.516 590 735
陕北黑脸汉子	684	3	0.390 531 552
魏连殳 2013	648	1	0.368 910 775
南宁正能量	634	4	0.362 095 662
donghailing520	463	3	0.264 462 792
中国公平 2011	450	5	0.257 834 135
唤醒的火焰山	425	2	0.242 469 248
易家黄召	381	3	0.217 828 029
宏太 2013	372	2	0.212 327 267

其中，以活跃度最大的数据值进行归一化处理，即在政治领域发布者活跃度指标排在前 10 名的用户如上表所示，这表明这些用户在论坛中比较积极活跃，网络参与度较高，特别是“江湖隐士之暗心”在网络中活跃度排在首位，参与了 1757 次的帖子回复。

5.7 本章小结

改革开放三十多年来，中国经济和社会发展取得了举世瞩目的成就，政治、经济、文化等各方面取得了前所未有的进步和发展，但同时也产生了分配不公、诚信缺失、贪污腐败等问题的滋生与蔓延，引起了广大人民群众的强烈不满。为了更好地适应经济体制改革的步伐，促进市场经济的发展和政治民主化的步伐，1987年11月召开的党的十三大提出了政治体制改革的议程，目的是为了在党的领导下和社会主义制度下更好地发展社会生产力，充分发挥社会主义制度优越性。

中国政治体制改革的长期目标是建立高度民主、法制完备、富有效率、充满活力的社会主义政治体制。但是目前，在体制上还存在一些不足，如养老金存在着“双轨制”；在法制体系的建立上还不完善，如目前建设的法治中国还存在较多缺陷与不足；在权力约束机制上还需要进一步加强，如腐败现象等。要解决这些问题，不仅要进行经济体制改革，更需要进行政治体制改革。

第6章　关注民生改革领域的相关舆情分析

从社会角度看，民生是指民众的基本生存和生活状态，以及民众的基本发展机会、基本发展能力和基本权益保护的状况等。民生问题是立国之本，改善民生是社会主义的特质和目标。改善民生既是一项重要的政治任务，也是判定科学发展的主要标尺。在改革开放新阶段，围绕改善民生发展经济文化事业和社会事业，通过推进体制改革与创新为改善民生提供有效的保障，这是科学发展观的内在规定和必然要求，是检验执政效果的实践标准。

我国已跨入全面改善民生的新时代，民生呼唤是最突出的时代特征。特别是当前我国的经济发展、社会发展、政治发展和生态发展之间呈现出一定的结构失衡，即经济发展快，社会发展、生态发展相对缓慢，政治发展相对滞后。这使得我国在发展过程中遇到一些制度、体制和机制方面的问题，最终都以民生问题的形式凸显出来。可见改善民生已成为当代中国发展最核心的政策方向与目标，在改革发展的新阶段，需要在思想、政策、体制等多个层面进行更加深刻的理性思考，通过体制改革和创新为改善民生提供强有力的制度保障。

由于民生问题事关广大人民群众的切身利益，因此，在十八届三中全会中也采用大量的篇幅来阐释和部署了民生方面的改革，特别强调紧紧围绕保障改善民生这一目标，促进公平正义的社会体制改革，改革收入分配制度体系，推进社会各领域的制度创新，以及推进基本公共服务均等化，加快并形成科学有效的社会治理体制，确保社会既充满活力又和谐有序，坚持以人为本，尊重人民主体地位，发挥群众首创精神，紧紧依靠人民推动改革，促进人的全面发展。随着我国综合国力的不断增强，民生问题将在更高层次上得以解决，越来越多的群众将能更多更公平地分享经济社会发展的成果。

本章从天涯论坛中选取了一些民生方面的热点帖子进行深入的总结和分析，从而了解网民们在民生方面的舆情。

6.1　民生领域热点专题分析

根据2013年1月～2014年1月天涯论坛中的实际数据，针对民生领域改革热点相关舆情热度的变化进行统计分析，其中热点专题舆情热度变化趋势如图 6-1所示：

从图 6-1 可知，2013 年 1 月 1 日～2014 年 1 月期间，网民对民生领域的关注度呈平稳状态且一直较低，每天新增帖子不超过 10 篇。直至 12 月开始，网民对民生领域的关注持续走高，每天新增的帖子不断上涨，甚至超过了 100 篇。说明在十八届三中全会召开后，国家更加重视民生领域的议题，网民也随之关注此方面的问题。

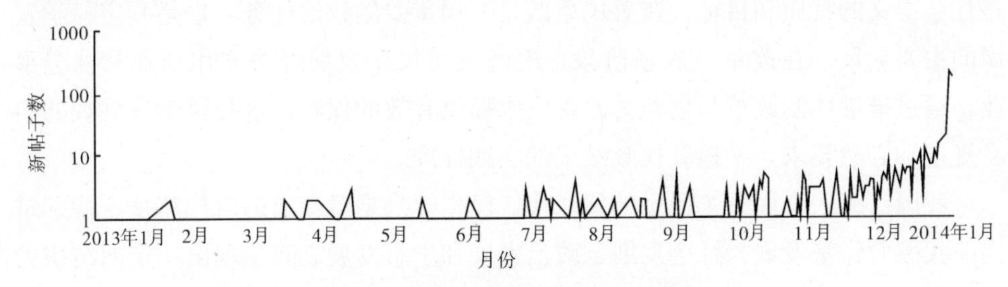

图 6-1　热点专题舆情热度变化图

表 6-1　民生领域相关的十大热点专题

热点专题	发布时间	热度	参与度	负面指数	受众影响力
公务员薪资问题	2014-01-15	1	0.992	0.417	0.348
崔永元和方舟子的区别	2013-09-17	0.988	1	0.243	0.310
安徽省铜陵县高联村干部违法乱纪	2013-12-16	0.863	0.726	0.482	0.482
崔永元如此搞“公益活动”	2014-01-15	0.807	0.569	0.053	0.398
推进河北科学发展 奋进崛起	2013-12-13	0.745	0.681	0.083	0.083
就瑞云寺致福建省统战部公开信	2014-01-17	0.744	0.275	0.240	0.306
孩子上幼儿园老师要红包	2013-03-11	0.702	0.463	0.122	0.267
我看陈小鲁、宋彬彬的“道歉”	2014-01-13	0.680	0.514	0.178	0.505
养老制度改革的阻力有多大	2014-01-08	0.665	0.293	0.049	0.330
期待“禁令”让公务员辞职如潮	2014-01-12	0.663	0.765	0.280	0.241

从表 6-1 可知，民生方面的热点专题主要为：公务员薪资问题、转基因问题、强制拆迁问题的负面指数和受众影响力相对较大。同时，根据本书的指标体系定义，对上述热点专题进行热度以及参与度的计算，从计算结果以及对这些问题的分类来看，民众关注的主要是转基因问题、养老制度改革等切身关乎民众自身的问题。综上所述，本章将针对公务员薪资问题、转基因问题以及强制拆迁问题这三个影响较大的专题进行深入的舆情分析。

6.2 民生领域热点词分析

邓小平同志曾经说过："社会主义财富属于人民，社会主义的致富是全民共同致富"。构建和谐社会，就是要把民生问题作为重中之重，让广大人民群众有活干，有学上，有饭吃，有衣穿，有屋住，病有医，老有养，生活幸福，都过上好日子。国务院总理温家宝在作政府工作报告时，从回顾过去五年工作，到提出今年经济社会发展总体要求中，直至对 2013 年政府主要工作提出建议，"民生"议题贯穿始终，足见解决"民生"问题在我党前进道路中的重要性。本章将之前召开的三次会议（十七届三中全会、2013 年政府工作报告和十八届三中全会）的热点词和词频进行了统计分析，其中统计出现次数（词频）较高的前 20 个作为关键词，针对这些热点词的分布进行分析，热点词以及词频如表 6-2 所示。

表 6-2　三次报告的热点词和词频

十七届三中全会		政府工作报告		十八届三中全会	
热点词	词频	热点词	词频	热点词	词频
农村	77	发展	44	社会	7
发展	28	农村	31	城乡	6
农民	24	社会	29	安全	6
社会	15	制度	22	国家	5
保障	14	教育	21	体制	3
扶贫	12	体系	20	平等	3
教育	11	保障	19	发展	3
制度	11	就业	18	公共	3
工作	10	农业	15	农民	3
服务	10	改革	15	治理	3
能力	10	城乡	14	维护	2
卫生	9	服务	13	活力	2
城乡	9	实施	13	工农	2
政策	8	工作	12	均衡	2
农业	8	科技	11	资源	2
医疗	7	国家	10	新型	2
设施	7	企业	10	现代化	2
水平	6	安全	10	完善	2
教师	6	文化	10	体系	2
机制	6	农民	10	要素	2

从表6-2可知，在三次报告的热点词统计中，“社会”一词出现率最高，表明政府在着力解决有关社会民生问题，并将社会民生问题作为社会发展的头等大事。同时，“城乡”、“农民”两词在三次报告中的出现率也比较高，充分说明在过去五年以及未来，保障农民的生活以及切身利益将是政府工作的重中之重，随着生产力的发展，将会促进城乡一体化的发展。“教育”、“保障”、“医疗”、“卫生”、“安全”等词在三次报告中出现的频率均比较高，正是政府从实际出发、从百姓的利益出发，解决百姓实际问题的体现。“体系”一词出现的频率也比较高，在政府工作报告和十八届三中全会中，大篇幅的提到了建立健全各项指标体系，逐步完善相关的体系建设，以保障和改善民生，全面提高人民物质文化生活水平。

6.3 专题1：公务员薪资问题

公务员是指依法履行公职、纳入国家行政编制、由国家财政负担工资福利的工作人员。尤其在我国当前社会，由于公务员的特殊身份以及工作性质与薪资福利等方面的原因，“公务员热”持续高升，部分热门职位可谓是万里挑一。在针对中部三省万名公务员及企业员工的调查发现，公务员年工资收入平均比企业员工高3700余元（数据来源：http://baike.baidu.com/subview/6609/6981200.htm）。因此，关于公务员薪资与加薪的话题一直是网民们关注的热点，任何有关公务员涨薪的传闻都会激起轩然大波，甚至可能会引来网民的口诛笔伐，在历史多种因素的影响下，以至于我国的公务员工资改革几乎停滞不前。这种维持现状的结果是，一方面社会充斥着对公务员的涨薪资的不解与谩骂；另一方面，却是公务员队伍中，特别是基层公务员普遍存在的因工资待遇偏低而累积起来的委屈与怨气，这种矛盾不仅可能导致形成新的腐败土壤的形成，同时也可能会造成社会公众与公务员队伍之间的尖锐对立。

在互联网上，广大网民也针对“公务员薪资问题”展开了激烈的讨论，各方站在不同的视角下来讨论其中可能存在的利与弊。下面我们利用网民热烈讨论的“公务员薪资问题”的真实数据来对这一热点专题进行分析，希望可以通过研究来分析民意以及民意的来源。

6.3.1 专题发展趋势

本节从2013年1月～2014年1月间天涯论坛中获取的针对“公务员薪资问

题”这一专题相关的数据进行分析，并且从该专题下抽取出具有较多网民参与且有着迅速增长趋势的帖子，这些帖子在 2013 年 1 月的趋势图如图 6-2 所示。

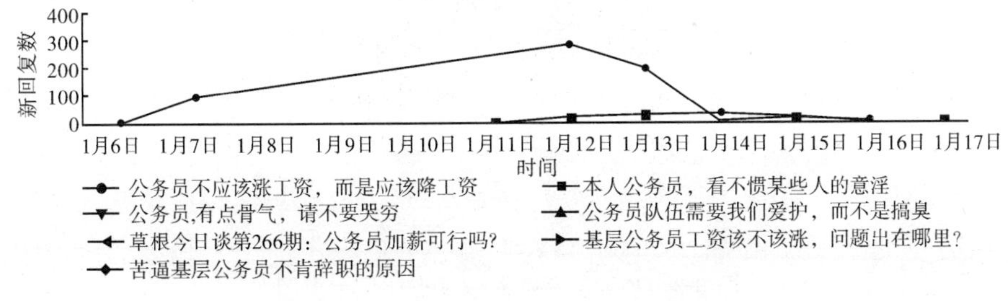

图 6-2　“公务员薪资问题”专题趋势图

从图 6-2 可见，2013 年 1 月 7 日，网民“mvarxer”在天涯论坛发表了一篇名为“公务员不应该涨工资，而是应该降工资”的帖子，该帖一经发表就引起了网民激烈的反响与参与。随后在网民不断发表了一些相关的帖子，例如“公务员队伍需要我们爱护，而不是搞臭”、“基层公务员要不要涨薪，问题出在哪里?”、“苦逼基层公务员不肯辞职的原因”以及“公务员加薪可行吗?”等一系列帖子，不断引起了网民的关注与参与讨论。我们将这些帖子作为一个舆情热点案例，对该热点专题的结构特征和传播特征进行深入分析。

此外，在这一些帖子的专题传播过程中，大量的网民针对所发表帖子的观点进行了回复，其中，也产生了一些具有一定影响力的新观点，并引发了网民的关注和讨论，尽管新观点基本还是发帖者的观点延伸，也体现了网民们讨论问题的内聚性和聚焦性，下面对“公务员薪资问题”的观点进行分析。

6.3.2　观点分类与观点列表

1. 专题主要观点挖掘列表

通过上述的网络数据信息，分析此专题中网民在帖子中发表的全部言论，参考十八届三中全会报告中涉及的热点话题以及相关的观点挖掘与倾向进行语义的处理，经过与前文相似的文本清洗、语义分析、观点聚类这三个核心步骤，提取到的观点主要可以分为 10 个，持有这 10 个观点的用户分别占整个用户分布的比例数据如图 6-3 所示。

图中，相应的观点分别为：

观点 1：公务员薪酬少可以倒逼公务员自动辞职，可以精简机构、裁撤冗员。持有该观点的人数占总人数的 11.88%。

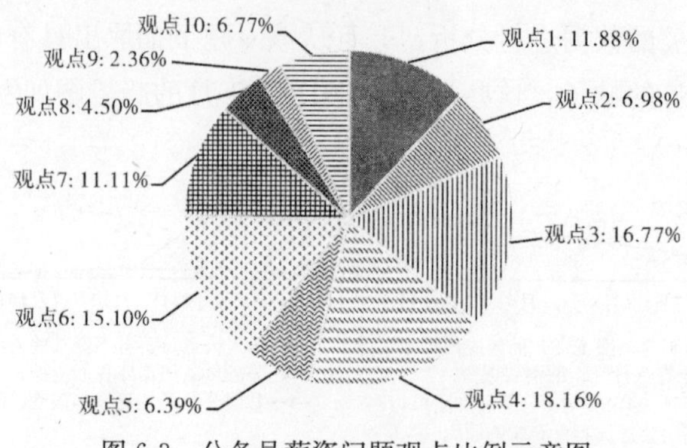

图 6-3　公务员薪资问题观点比例示意图

观点 2：公务员待遇太好，所有人的理想工作，该降薪。持有该观点的人数占总人数的 6.98%。

观点 3：公务员薪酬过低、福利少，应该加薪。持有该观点的人数占总人数的 16.77%。

观点 4：应该建立一种专门的薪酬体系，让公务员劳动力的价值市场化。持有该观点的人数占总人数的 18.16%。

观点 5：公务员中不乏高素质的、造福社会，振兴国家的人才。持有该观点的人数占总人数的 6.39%。

观点 6：公务员大多数没有抱负、安逸、萎靡消极，脱离群众且享受特权。持有该观点的人数占总人数的 15.10%。

观点 7：公务员有自己的难处，投资高却回报少。持有该观点的人数占总人数的 11.11%。

观点 8：基层公务员环境艰苦，福利不好，前途渺茫。持有该观点的人数占总人数的 4.50%。

观点 9：公务员必须精简，加强公务员队伍建设。持有该观点的人数占总人数的 2.36%。

观点 10：对公务员的招聘和管理有新的改革和突破，限制官员权利。持有该观点的人数占总人数的 6.77%。

综上可以看出，讨论最热门的观点是观点 4，持有该观点的人数占总人数的 18.16%，他们认为通过劳动力价值市场化的方式，来建立一种专门的薪酬体系，认可公务员的劳动价值，强调用市场化的手段来破解这一难题；另外，约 16.77%的网络用户持有观点 3，认为公务员薪酬过低、福利少，应该加薪；还有一种值得关注的舆论倾向认为：公务员大多数没有抱负，安逸、萎靡消极，脱离群众且享受特权，而持有这一观点（观点 6）的用户占到了 15.10%，这从一个侧面反映出来公务员目前在网民中留下了一种不良的印象。此外，还存在着一些其他的观点，而这些观点的存在也表明人们对这些问题的关注。这提醒政府对网民的观点给予较多的关注并做好的指引，同时不断地优化与改进工作作风，否则可能会对社会和谐安定产生负面影响。

2. 观点分类

根据观点涉及的特征词汇和观点所涉及的领域以及网民发表的各个观点内容本身之间存在的相关性与差异性，将上述 10 个观点进行进一步聚类分析后，可以形成以下三个大类：

1）分类观点一：公务员薪酬该涨还是该降

此分类观点包含了以下几个关键特征词：公务员、降薪、加薪，对应的观点包括：

观点 1：公务员薪酬少可以倒逼公务员自动辞职，可以精简机构、裁撤冗员。

观点 2：公务员待遇太好，所有人的理想工作，该降薪。

观点 3：公务员薪酬过低，福利少，应该加薪。

观点 4：公务员薪水不能按需求涨，应该建立一种专门的薪酬体系，让公务员劳动力的价值市场化。

2）分类观点二：舆论对公务员的整体评价

此分类观点包含了以下几个关键特征词：人才、福利、基层，对应的观点包括：

观点 5：公务员中不乏高素质的、造福社会，振兴国家的人才。

观点 6：公务员大多数没有抱负，安逸，萎靡消极，脱离群众，享受特权。

观点 7：公务员有自己的难处，投资高却回报少。

观点 8：基层公务员环境艰苦，福利不好，前途渺茫。

3）分类观点三：公务员的体制改革迫在眉睫

此分类观点包含以下几个关键特征词：公务员、反腐、权力，对应观点包括：

观点 9：公务员必须精简，加强公务员队伍建设，公务员队伍更科学、高效和积极地为人民工作。

观点 10：对公务员的招聘和管理有新的改革和突破，限制官员权利。

上述分类观点的用户分布比例如图 6-4 所示。

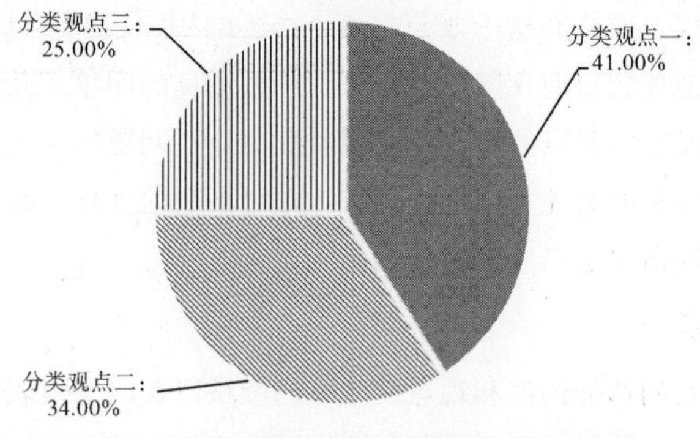

图 6-4 “公务员薪资问题”主题观点分类比例图

从图 6-4 中可以看出，在参与“公务员薪资”讨论的网民中，提出的观点绝大多数集中在公务员的工资该涨还是该降方面，一些网民认为公务员的薪酬该涨，其理由在于随着物价的上涨和通货膨胀，公务员靠基本工资已经难以维持生活，因此公务员的工资也应该随着物价的上涨而调整；另一些网民却认为公务员靠着自己的特权而存在着大量的灰色收入，薪酬反而应该下降。

其次，大量网民关注的另一个舆论重点则是对公务员的整体评价。其中在样本中约 6.39%的网民认为公务员中不乏高素质、建设社会的人才，公务员的整体素质较高。但是，约 15.10%的网民认为，公务员大多数没有抱负，安逸且萎靡消极，脱离群众却享受特权。因此这种舆情对于公务员队伍建设与改革提出了新的要求。还有 25.00%的网民认为公务员的体制改革迫在眉睫，必须要加强公务员队伍建设，同时，对公务员的招聘和管理应该有新的改革和突破。

3. 观点分类详细分析

为了更好地对相应的观点分类进行深入的分析，本节对每一个分类观点内的网络用户分布以及网络民意进行了二次分类处理，希望通过网络用户的真实反馈信息来反映他们对这些问题的思考与建议：

1）分类观点一：公务员薪酬该涨还是该降

在进一步的数据分析与研究中，对网民针对“公务员薪酬该涨还是该降”主题内的观点进行深入梳理与分析，其中在本分类观点中，还存在 4 个细分的子观点，用户所持有的这些细分子观点如图 6-5 所示。

观点 1：22.08%的网民认为公务员薪酬少可以倒逼公务员自动辞职，可以精简机构、裁撤冗员。目前，在公务员复杂的体制下，对于那些处于悠闲状态的公务员而言，如果既不能为民办事，还要拿百姓上的税来养活，不如通过这种倒逼的方式来实现政府精简冗员的任务。

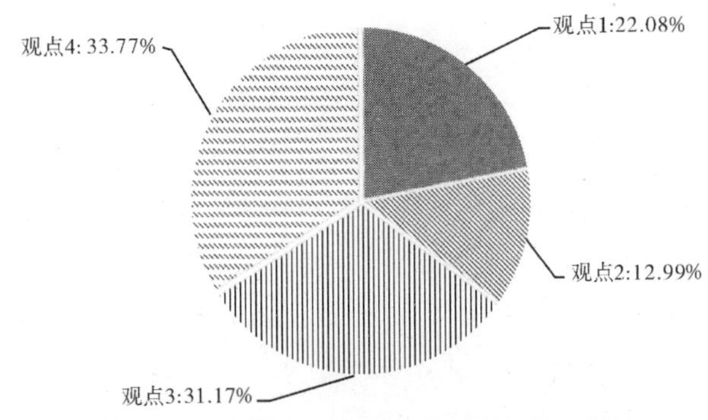

图 6-5　分类观点一细分子观点的比例示意图

观点 2：12.99%的网民认为公务员待遇太好，是所有人的理想工作，该应降薪。如网民“HK 隽永”所说：

“不但要降工资，老百姓还要能够真正监督所有公务员。”

观点 3：31.17%的网民认为：公务员薪酬过低，福利少，应该加薪。就如网民“我在这静静的听”直言：

“公务员也要养家吃饭，一个月 3000 怎么养家？如果只讲清闲，那干嘛不回家闲着。”

观点 4：33.77%的网民认为公务员薪水不能按需求涨，应该建立一种专门的薪酬体系，让公务员劳动力的价值市场化。随着社会市场化的改革，公务员薪酬体系也应该向市场化迈进。就如网民“忙碌的猫咪”所说：

“我一直强调的市场化不是要和企业的工资一样。用企业做例子只是易懂，而是让公务员劳动力的价值市场化。我已经说得很清楚了，就是他相应的劳动力的市场价值！这里的市场不是指企业，是买方卖方博弈的结果。”

2）分类观点二：对公务员的整体评价

在本分类观点的进一步数据分析与研究中，发现该分类观点下还存在着 4 个主要的细分子观点，这些细分子观点所反映的内容如图 6-6 所示。

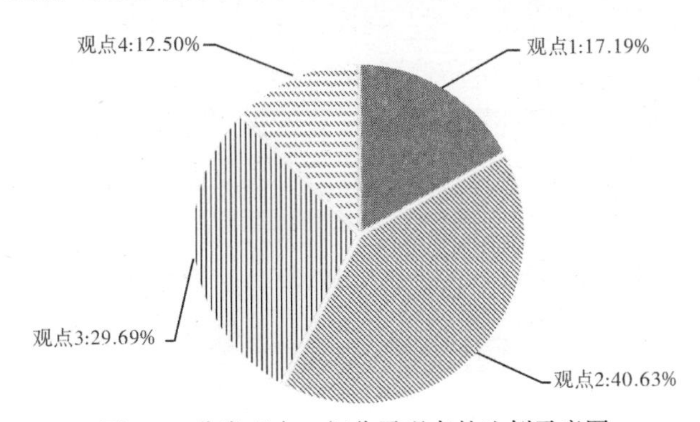

图 6-6　分类观点二细分子观点的比例示意图

观点 1：17.19%的网民认为公务员中不乏高素质的、造福社会，振兴国家的人才。目前，随着公务员招聘的高学历化，公务员的整体素质也有一定的提高。

观点 2：40.63%的网民认为公务员大多数没有抱负，安逸，萎靡消极，脱离群众，享受特权。甚至有些公务员“带薪休假”，常年处于工作单位之外。如网民“美好 a 未来”所说：

“贪官污吏，依靠手中的权力作威作福，贪赃枉法，中饱私囊，强奸民意，享受特权，不听人民的呼声，忽视人民情感。”

观点 3：29.69%的网民认为：公务员有自己的难处，投资高却回报少。目前的公务员都是高学历，教育投资较高，回报与付出不成正比。如网民“DW8159”所说：

“人民日报 1 月 8 日一篇《公务员养老，制度并轨不是平均主义》文章煞有介事的提到：在养老金待遇上不宜搞简单的‘一刀切’，以‘平均主义’偷换‘公平’的概念，将会产生新的不公。言下之意养老金并轨并不公平，并轨后公务员养老金应该继续高于企业职工才公平。其提出的理由露骨的指出：公务员是国家公职人员，掌握并行使公共权力。养老待遇差了，队伍可不好带，积极性和清廉度都会受影响。而且，一般来说，能考上公务员的，文化程度也较高，读书时间长、教育投资大。非要让公务员的养老金和蓝领工人水平一样，对寒窗苦读十几载的公务员来说，是否也不公平?”

观点 4：12.50%的网民认为基层公务员环境艰苦，福利不好，前途渺茫。身处基层的公务员环境艰苦，晋升困难，对于未来比较渺茫。

3）分类观点三：公务员的体制改革迫在眉睫

在本分类观点的进一步数据分析与研究中，发现该分类观点下还存在着 2 个主要的细分子观点，这些细分子观点所反映的内容如图 6-7 所示。

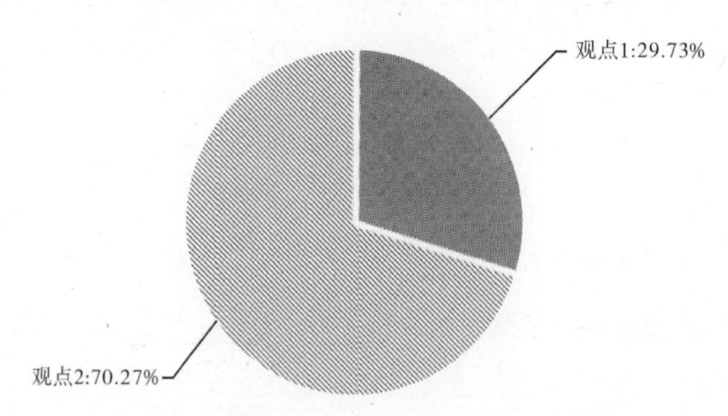

图 6-7　分类观点三细分子观点的比例示意图

观点 1：29.73%的网民认为：公务员必须精简，加强公务员队伍建设，公务员队伍更科学、高效和积极地为人民工作。通过打破“公务员”是官员，高高在上的风气，让公务员真正成为服务人民群众的公仆。

观点 2：70.27%的网民认为政府应该对公务员的招聘和管理有新的改革和突破，限制官员权利。随着十八届三中全会大力倡导深化改革，公务员薪资问题的改革也应该提上日程来。如网民“bs151”说言：

“我期待我国对公务员队伍的招聘和管理有一个新的改革和突破，让政府清廉，让公务员真正地成为公仆和人民的服务员，让政府成为真正的人民政府，让百姓安心乐业，让国家繁荣富强。”

4. 观点总结

公务员薪资问题是网民关注的话题。一直以来，“公务员”工作被视为“铁饭碗”，成为大多数人的理想职业，一旦成为“公务员”，就意味着权利和终身保障。也确实由于一部分公务员存在的特权、贪污腐败以及不作为等现象，使民众对公务员普遍产生厌恶与不信任的消极情绪。然而，大部分处于基层的公务员工资不高，单靠工资又无法维持生计等种种矛盾，已经迫切需要政府对公务员的管理和薪资体系进行整体改革，加强公务员队伍建设，更加高效地为人民服务。

6.3.3 专题传播趋势

在整个专题传播全生命周期的研究过程中，专题信息在传播中出现的异常拐点以及网络传播过程中的影响力与流量，也反映出其在传播过程中的特征。

1. 影响力

利用 2013 年 1 月的数据来分析研究该专题内的热点事件随着时间的演化过程。其中，网民对公务员薪资问题的讨论在 2013 年 1 月开始引起了广泛的关注，网民“mvarxer”在 1 月 7 日发表了名为“公务员不应该涨工资，而是应该降工资”的帖子，该帖一经发表就引起了网民激烈的反响，参与该问题的讨论用户人数并在 1 月 13 日达到了峰值后平缓下降，该事件的响应日流量数据可以从一个侧面清晰地看出这一专题的演化过程，如图 6-8 所示。

过滤掉一些重复无意义的回复内容后，针对公务员薪资问题的讨论中有意义的回复量已超过 700 条信息，从 1 月开始受到关注后，增长趋势平稳增加，说明该专题受关注的程度也在不断地增加。因此，该事件所包含的用户参与的总流量趋势如图 6-9 所示。

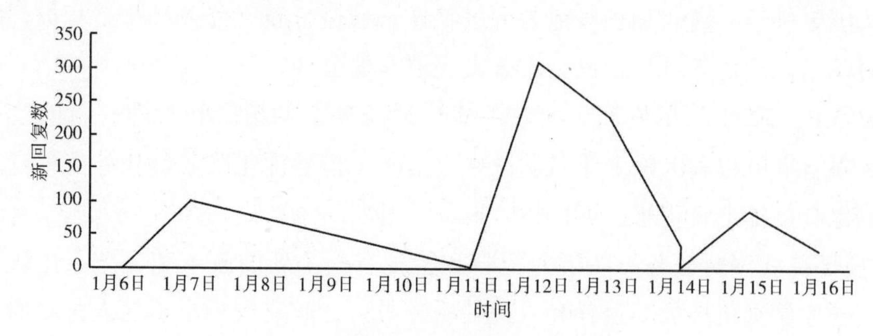

图 6-8 专题事件日流量变化趋势图

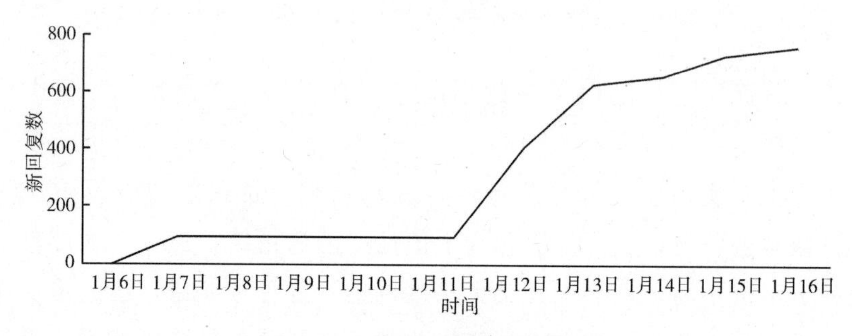

图 6-9 专题总流量变化趋势图

2. 传播情感分析

利用 Hownet 建立的一个有效的中文情感词库，通过对该专题内所有的帖子以及回复留言的内容进行分词与情感语义的处理之后，发现网民对“公务员薪资”问题的讨论过程中起初是负向情感占多数，一直到 8 月初新帖的出现使得正向情感占据了主要的地位。之后虽有波动，但一直是正向观点居多。整个专题的情感变化（拐点）如图 6-10 所示。

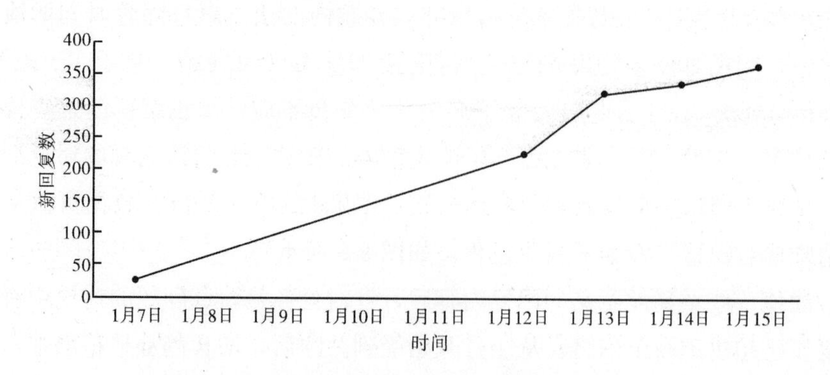

图 6-10 专题情感变化（拐点）图

6.4　专题 2：转基因食品问题

近年来，关于转基因食品的争议越来越大。转基因食品（genetically modified food，GMF）是指利用基因工程（转基因）技术在物种基因组中嵌入了（非同种）特定的外源基因的食品，包括转基因植物食品、转基因动物食品和转基因微生物食品。转基因的目的是为了改造生物的遗传物质，使其在性状、营养品质、消费品质等方面向人们所需要的目标转变。

转基因是一个很严肃的科学话题，从世界上最早的转基因作物（烟草）于 1983 年诞生，到美国孟山都公司转基因食品研制的延熟保鲜转基因西红柿于 1994 年在美国批准上市，转基因食品的研发迅猛发展，产品品种及产量也成倍增长。但由于转基因技术与杂交过程中将生物体中的整条基因链（染色体）进行转移不同，转基因产品仅根据需要选取最有用的一小段其他物种的基因进行转移。由于利用这种基因片段进行生物育种对于其他生物体的影响具有不确定性，科学上尚无法有效地通过实验证明它对人类自身安全产生的影响，目前在一些媒体所发表的文章与相关的资料中确实发现存在许多不良的信息记录。有关转基因食品的安全性问题目前已成为了人们议论的焦点。特别是在互联网上，广大网民利用网络媒体对“转基因问题”也展开了一场激烈的讨论，一方面是普通公众不停的抗议，希望不能把人当成实验室里的“小白鼠”；另一方面是部分专家不断解释或“辟谣”，并说明转基因技术是未来发展的方向。下面我们利用网民热烈讨论的“转基因问题”进行分析。

6.4.1　专题发展趋势

针对在互联网中广大网民对于“转基因问题”展开的激烈讨论，本章从“转基因问题”专题下较多网民参与且有着迅速增长趋势的帖子（如图 6-11 所示）入手进行分析。

2013 年 9 月中旬，“崔永元把无知当个性，被方舟子批驳的连话都说不利索了”一贴在天涯论坛上发表，并快速引起了广大网民对“转基因食品安全”问题的广泛关注，随后“转基因问题：我愿意提供 5 年转基因食品给中科院幼儿园”、“崔永元与方舟子的区别”、“谁在说谎：方舟子反驳小崔的调查”、“看完这些图片，我才开始质疑转基因的安全”、“在这场转基因中，你支持谁？是中国人的顶起，我支持小崔”以及“《今天掐死崔永元，明天掐死我们自己》里面的造谣部

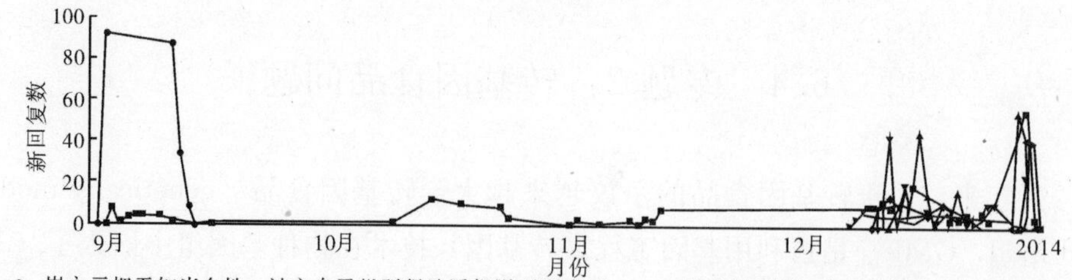

图 6-11 “转基因问题”专题趋势图

分”等相关的帖子也成了热点受到了大量的关注和回复。我们将这些帖子作为一个舆情热点案例，分析了该专题的舆情结构特征和传播特征并就关于“转基因食品问题”的若干观点进行进一步的分析。

6.4.2 观点分类与观点列表

通过上述的网络数据信息，针对网民在回复过程中的观点挖掘与倾向进行语义的处理，形成了本话题内的核心观点。

1. 专题主要观点挖掘列表

分析此专题中网民在帖子中发表的全部言论，并参考十八届三中全会报告中涉及的热点词汇，经过文本清洗、语义分析、观点聚类这三个步骤，提取到的观点主要可以分为 6 个，持有这 6 个观点的用户分别占整个用户分布的比例数据如图 6-12 所示。

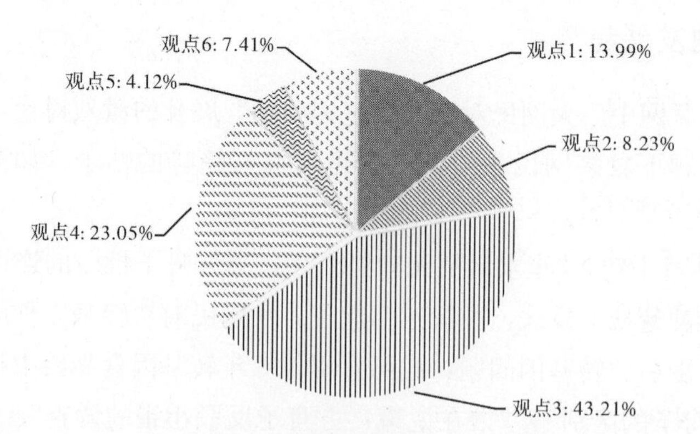

图 6-12 转基因问题观点比例示意图

图 6-12 中，相应的观点分别为：

观点 1：民众无法识别转基因的问题，专家应站出来解释。持有该观点的人数占总人数的 7.41%。

观点 2：转基因食品有待验证，专家需要谨慎对待。持有该观点的人数占总人数的 13.99%。

观点 3：目前市场上已经有转基因食品的存在了。持有该观点的人数占总人数的 8.23%。

观点 4：民众对转基因表示反对，支持崔永元，反对方舟子，认为转基因食品对身体危害大，持有该观点的人数占总人数的 43.21%。

观点 5：民众对崔永元的调查表示质疑，认为转基因是无害的。持有该观点的人数占总人数的 23.05%。

观点 6：转基因技术需要辩证看待。持有该观点的人数占总人数的 4.12%。

其中，讨论最热门的观点是观点 4，持有该观点的用户人数占参与本专题总人数的比例高达 43.21%；表明存在大量的网民认为转基因食品对人体有害。不过也存在 23.05%的网民认为转基因是无害的；此外，还有 21.40%的网民认为在此问题上需要专家以谨慎且负责任的科学研究成果向更多的公众来解释和说明“转基因食品”的安全与风险。综上可以看出，广大的网民对此问题上所持有的不同观点以及对该领域上的关注程度，如果此问题不能得到很好的科学性的引导，可能会对社会的和谐与安定起到负面作用。

2. 观点分类

分析网民发表的评论内容，统计分析相关观点和讨论所涉及的热点词汇、重要领域，通过针对文本的分词、去噪、清洗、过滤等操作，聚合出关于该专题发展演化过程中的 8 个关键特征词汇：毒害、慢性、致癌物、公众、专家、质疑、反对、辩证。根据观点涉及的特征词汇和观点所涉及的领域以及网民发表的各个观点内容本身之间存在的相关性与差异性，可以将上述 6 个观点进行进一步聚类分析后，可以将观点分为以下两大分类主题观点：

1）分类观点一：目前转基因食品有待继续深入研究

此分类观点包含了以下几个关键特征词：毒害、慢性、致癌物、专家，对应的观点包括：

观点 1：民众无法识别转基因的问题，专家应站出来解释。

观点 2：转基因食品有待验证，专家需要谨慎对待。

观点 3：目前市场上已经存在转基因食品了。

2）分类观点二：民众对转基因食品的态度

此分类观点包含了以下几个关键特征词：民众、质疑、反对、辩证，对应的观点包括：

观点 4：民众对转基因食品表示反对。

观点 5：民众对崔永元的调查表示质疑，认为转基因是无害的。

观点 6：转基因技术需要辩证看待。

上述观点的用户分布比例如图 6-13 所示。

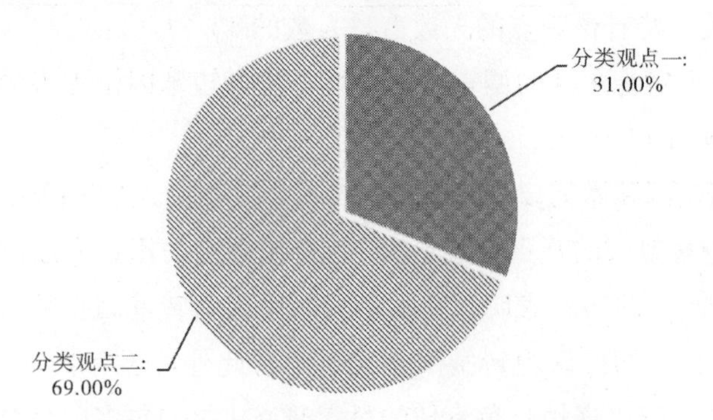

图 6-13　“转基因问题”主题观点分类比例图

从图 6-13 中可知，在参与“转基因问题”讨论的网民中，提出的观点绝大多数集中在民众对崔永元和方舟子所持观点之间的比较与支持的态度，一些网民认为崔永元在调查过程中取证不足、以偏概全，并认为转基因是无害的；而超过三分之二的网民却反对转基因食品流入中国，认为转基因食品对人体危害巨大。

其次，还有一些网民将关注的重点放在：转基因食品的安全与否，更需要专家利用专业的知识进行实验分析与解释，对于目前一些转基因食品已在我国市场开始进行流通需要持谨慎的态度，特别是需要专家能站出来向民众进行科学的解释。

3. 观点分类详细分析

为了更好地对相应的观点分类进行深入的分析，本节对每一个分类观点内的网络用户分布以及网络民意进行了分类处理，希望通过网络用户的真实反馈信息来反映他们对这些问题的思考与建议：

1）分类观点一：转基因食品有待继续深入研究

在进一步的数据分析研究中，我们对网民针对“目前转基因食品有待继续深化研究，普及转基因食品为时尚早”主题内的观点进行梳理与处理，其中在本分类观点中，存在如下三个细分的子观点，如图 6-14 所示。

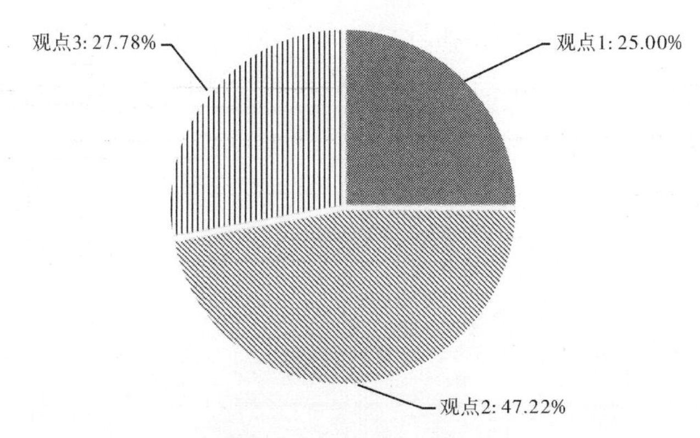

图 6-14　分类观点一细分子观点的比例示意图

观点 1：25.00％的网民认为民众对转基因问题无法识别，希望专家可以解释。如网民“靡哲不愚 0”所说：

“楼主不相信盲目推广转基因的，也不轻信推广天然食品的，楼主只是看了转基因的研究案例后对转基因安全性存疑，呼吁中国生物基因专家站出来解疑释惑!”

观点 2：47.22％的网民认为转基因食品有待验证，专家需要谨慎对待。转基因科学并非从我国发起，因此，转基因到底有没有危害，现在还没有一个准确的定论，专家应该站在科学角度上，站在人民的健康利益上潜心研究，为我们做出一个准确的定论。如网民“忙碌的猫咪”所说：

“如果转基因真的无害，也不能怪全国大众是文盲，不懂 DNA，不懂转基因，而你们推广转基因的方法有问题，现在谁要质疑转基因，你就骂他，反方提出来的商场的东西尽量标注转基因，这不更好吗？让懂转基因的人买到更好的转基因食品，另外，那你们就应从高级知识分子多的地方入手，特供，军队食堂，大学食堂等，到那时，不用争论，不用推广，全国人民自动会去抢着吃. 不是吗?”

观点 3：27.78％的网民认为目前市场上已经开始流通转基因食品了，但安全与否却不得而知。

2）分类观点二：民众对转基因食品支持的态度

在本分类观点的进一步数据分析与研究中，发现该分类观点下还存在着 3 个主要的细分子观点，且这些细分子观点的用户人群比例如图 6-15 所示。

形成上述主要子观点的用户舆情分析如下：

观点 1：61.40％的网民对转基因表示反对。转基因食品对人体危害大，多数科学证据已经表明，如果一味地打开转基因市场，民众的健康问题堪忧。如网民“美好 a 未来”怀疑：

“很多人不明白方舟子为啥这么极力推广转基因食品，这种新科技的食物是要经过很多年的验证才能证明其安全性，但他那么急匆匆地向中国人证明其安全性，这其中有没有利益关系，或是其他阴谋。”

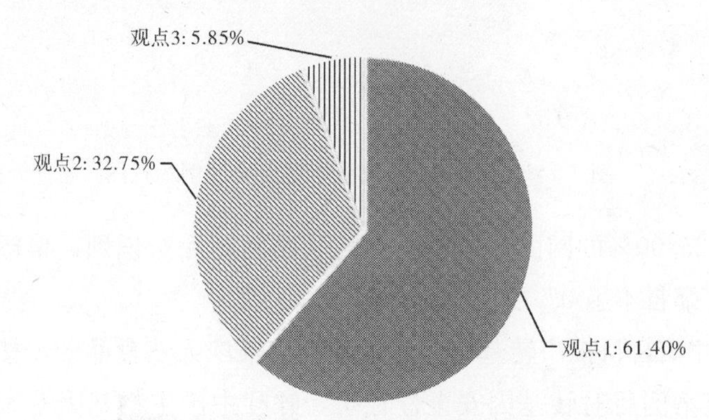

图 6-15　分类观点二细分子观点的比例示意图

观点 2：32.75％的网民觉得转基因无害。如网民“DW8159”所说：

“稍微有点理性的人即可发现，崔永元对转基因的调查没有什么科学性，他的调查过程是典型的先下结论说转基因不安全，然后再拼凑所谓的证据证实之前所下的结论。整个调查中，严谨谈不上，引用的证据往往也缺乏可靠的来源，甚至根本就是以讹传讹。这样的调查说小了是给公众带来知识上及科学精神科学素养上的误导，说大了是给转基因的发展起了阻碍作用。就算是暂且先不论他在转基因问题上所持有的立场是否正确，他荒谬的调查过程、引用的来路不明甚至错误的例证，足可以让他鞠躬自省，为误导公众而致歉。”

观点 3：5.85％的网民认为转基因的问题应该辩证看待，不应该以偏概全。如网民“shif _ t”所说：

“即使若干年后证明转基因绝对无害。因为，看事物要物辩证地看，任何东西都有好坏两个方面。比如，辣椒好吃，而且已肯定无害，可以开胃，但吃了也容易上火，谁要说要创造条件，让全国人民都吃上辣椒，在油或者其他食物都加上辣椒，不用想肯定会被口水淹死？但从没见到过挺转基因的一方主动说过转基因有哪些不好，有哪些副作用，都只说它好，这本身能说明它有问题。在工作中我们解决问题时都会发现解决一个问题的同时一定会带来新的问题，为什么转基因解决了抗虫等问题而没有带来新的问题?”

4. 观点总结

转基因问题是近年来新兴起的热点话题，特别是由于崔永元在美国开展转基因调查的新闻以及与方舟子在该问题上的对立讨论，引发了网民们对转基因食品安全问题的极大关注以及一系列连锁反应，同时也将“转基因食品安全问题”推向舆论的风口浪尖。目前，转基因问题争论愈演愈烈，特别是把转基因技术、转基因技术应用、转基因产品、转基因食品安全等问题交织在一起，这也使得在不同的问题领域中的争论显得毫无意义。首先，对于转基因问题要把技术和应用管理区分开来，目前社会上关于转基因话题的一些热点争论，不应该是针对转基因技术的问题，而是对转基因产品特别是转基因食品问题。公众对转基因食品的担心关键也是食品安全问题，这在相当程度上暴露出民众对食品安全的社会治理能力和对社会诚信的担忧。

其次，在转基因的技术研究的过程中，不仅需要加强核心技术的研究工作，同时需要加强科普的宣传，转基因技术的应用领域，也应该是透明的、公开的和可选择的，并保障公众的知情权和选择权，通过转基因食品规范化与标准化的标志，并让消费者自愿选择。

最后，由于转基因食品存在的安全风险以及相应的问题还需要深入地进行研究，科学家们应该以民众健康为基本的出发点，一方面研究并确保转基因食品对人类自身的健康的应用安全，通过科学的实验和数据分析，以科学理性的方式来向更多的民众解释转基因食品可能给人们带来的好处及风险；另一方面，在适应人类的认识水平、科普水平和社会治理能力的基础上，慎重对待社会各方面的意见，一定要公开和透明地去处理，保障公众的知情权和选择权，这或许才是大家真正关心的核心问题。

6.4.3 专题传播趋势

在整个专题的传播周期中，信息出现的异常拐点以及影响力与流量等指标均反映出了其在传播过程中的相关特征。下面我们将针对这一专题的传播趋势特征进行分析：

1. 影响力

利用 2013 年在天涯论坛中的数据来分析研究“转基因问题”这一专题内的热点事件随着时间的演化过程，发现转基因问题是全年关注的焦点，其中网民“sphinx8512”在 9 月 16 日发表了名为“崔永元把无知当个性，被方舟子批驳连话都说不利索了”的帖子，该帖一经发表就引起了网民激烈的反响。而在 12 月下旬后，有多个关于“崔永元与方舟子”争论的帖子再次引爆网民对此事件的关注，将“转基因食品的安全性”的讨论推向了高峰，讨论一直延续到了 2014 年 1 月 13 日。针对该专题内相应事件的响应日流量数据，可以清晰地看出这一专题的演化过程，如图 6-16 所示。

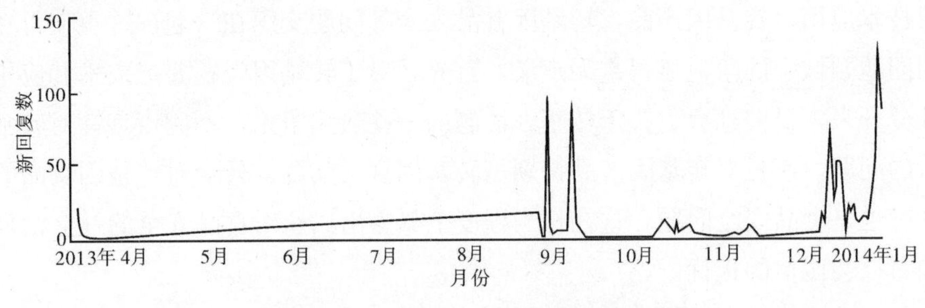

图 6-16　专题日流量变化趋势图

另外，如图 6-17 所示，从专题的用户参与的总流量趋势可以看出，过滤掉一些重复无意义的回复内容后，针对“转基因食品安全问题”讨论中有意义的回复量超过 1000 条，特别是从 2014 年 1 月 6 日，新的关注用户数快速增加，说明该专题在目前在民生领域被网络关注的程度也在快速地发生变化。从趋势上看，该帖子还有继续升温的可能。

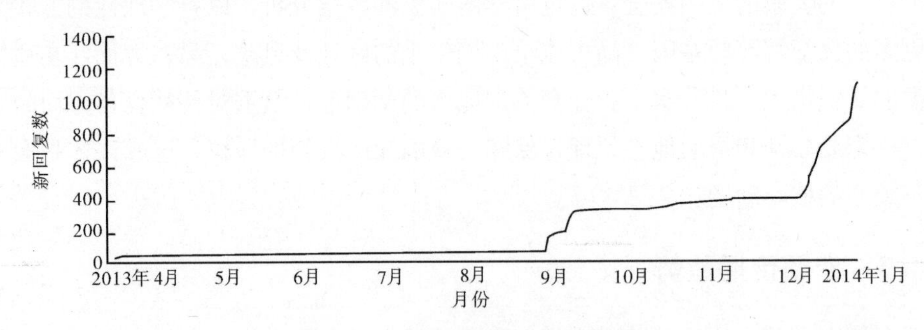

图 6-17　专题总流量变化趋势图

2. 传播情感分析

利用 Hownet 建立的一个有效的中文情感词库，通过对该专题内所有的帖子以及回复留言的内容进行分词与情感语义的处理之后，发现网民对“转基因安全问题”的讨论过程中，一直是负向情感占据了主要的地位，这一倾向也反映出了人们对转基因食品安全的社会治理能力和对社会诚信的担心。因此，迫切需要要加强科普宣传，保障公众的知情权和选择权。该专题情感变化（拐点）趋势如图 6-18 所示。

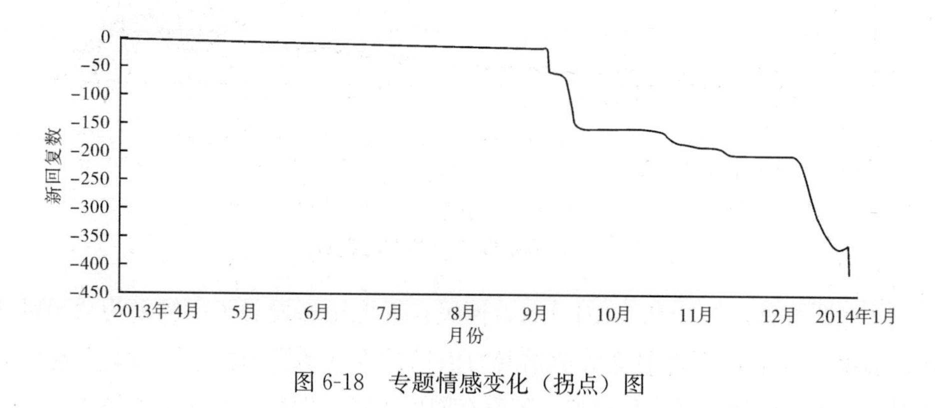

图 6-18　专题情感变化（拐点）图

6.5　专题 3：强制拆迁问题

拆迁不仅关乎城市建设，也与被拆迁人的切身利益息息相关。违法强制拆迁和农村土地强征也是城镇化快速发展过程中产生的激烈矛盾和现象，关系到广大百姓的基本民生与权益问题，迫切地需要我们对这样的一些影响民生的问题进行深入的民意数据的分析和研究。

从本质上讲，城市拆迁是指房屋产权的一种转移，在产权明晰的前提下，买卖双方通过议价，达成满意结果才可以实施，若议价不成，也应通过沟通、协商加以解决。而我国的城市拆迁过程中，在部分地区发现没有议价或类似议价的程序，被拆迁人只能被动接受拆迁人制定的“价格”，其相关权益受到侵犯。为此，国务院下发了一系列通知以维护市民和农民的权益，并颁布法律法规，特别是《国有土地上房屋征收与补偿条例》，以司法强拆终结了行政强拆，但在城镇化快速发展而制度建设相对滞后条件下，由于对保护个人财产相关制度的缺失以及对私有财产权利的漠视，违法强拆并未就此止步。下面就从网络数据中获取到的网民热烈讨论的“强制拆迁问题”这个热点专题进行分析。

6.5.1　专题发展趋势

在互联网上，大量网民针对“强制拆迁”的问题与相关网络事件也展开了激烈的讨论，如图 6-19 所示，是网上“强制拆迁”专题内备受网民关注和发展较为迅速的帖子，下面将从这些主题中对此专题展开分析。

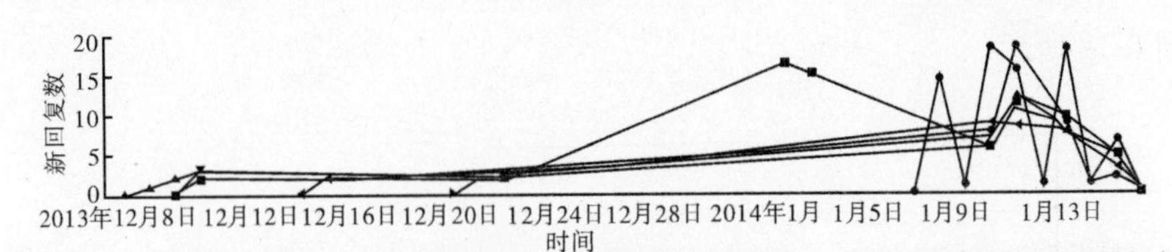

图 6-19　强制拆迁问题专题趋势图

从上图可见，2013 年 12 月 9 日，网民在天涯论坛发表了一篇名为“明贤法师：福州瑞云寺 12 月 8 日夺寺驱僧暴力毁佛拆寺现场”的帖子，该帖一经发表就引起了网民激烈的反响与参与。随后有网民不断地发表一些相关的帖子，例如“旧城改造与古寺突围，福州瑞云寺拆迁困局调查”、“瑞云寺强拆堪比文革，网民痛斥‘还有没有王法’”、“瑞云寺强拆，再现野蛮时代”以及“瑞云寺事件领导要站出来处理”等一系列帖子，不断引起了网民的关注与参与讨论。由于大量网民针对这些帖子的观点参与了讨论与回复，并产生了一些具有一定影响力的新观点，引发了更多网民的关注并促进了内容的更大范围的传播，尽管是发帖人观点的延伸，但也体现了网友的建设性意见。我们将这些帖子并作一个舆情热点案例，对该热点专题的结构特征和传播特征进行深入分析。

6.5.2　观点分类与观点列表

通过上述的网络数据信息，针对网民在回复过程中的观点挖掘与倾向进行语义的处理，形成了本话题内的核心观点。

1. 专题主要观点挖掘列表

分析此专题中网民在帖子中发表的全部言论，参考十八届三中全会报告中涉及的热点词汇，经过文本清洗、语义分析、观点聚类这三个步骤，提取到 4 个主要的观点，且持有这 4 个观点的用户分别占整个用户分布的比例数据如图 6-20 所示。

图 6-20 中，相应的观点分别为：

观点 1：强拆太过于暴力，没有一点人性，强烈谴责这种行为。持有该观点的人数占总人数的 34.57%。

观点 2：期待政府处置违法官员，遏制此类事件再次发生，持有该观点的人数占总人数的 38.72%。

观点 3：拆迁中的利益关系难以协调。持有该观点的人数占总人数的 10.02%。

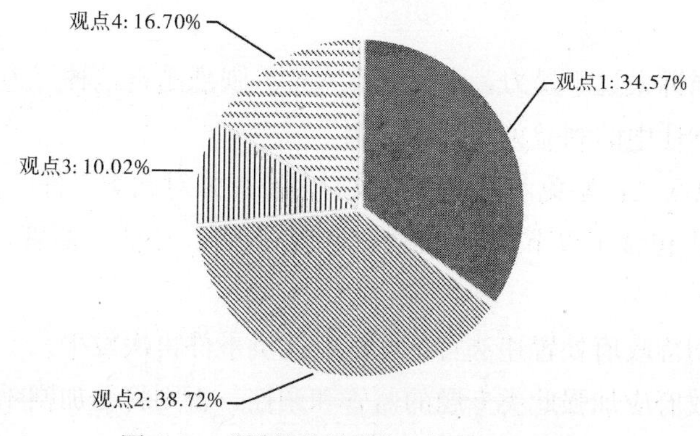

图 6-20　强制拆迁问题观点比例示意图

观点 4：政府应加强此类事件的监管和调控，否则将会加剧矛盾。持有该观点的人数占总人数的 16.70%。

综上可知，38.72%的网民支持观点 2，即期望政府处置违法官员，遏制此类强拆事件再次发生；而 34.57%的网民支持观点 1，对于暴力式的“强制拆迁”给予强烈的谴责；而 16.70%的网民认为，如果不加强管理与调控，此类事件将会极大地加剧和激化政府与社会之间的矛盾；更有 10.02%的网民认为，拆迁背后的利益链才是真正需要特别关注的焦点。这些观点表明人们相应事件以及问题的关注，提醒政府对网民给予较多的关注并做好的指引，但是特别值得关注的是，极少的网民提出利用法律的手段来保护自身的利益，可见立法与法制教育以及法律武器的宣传与执行尚没有真正地对普通民众产生影响，没有法律基础来做保障，由于拆迁背后存在巨大的经济利益，仅依靠政府的优化与改进工作作风，显然无法使这种强拆事件得到根治。由于这类事件对社会和谐安定产生较大的负面影响，有必要深入研究和分析在网络中存在的反映民意的观点。

2. 观点分类

通过分析网民发表的评论内容，统计分析相关观点和讨论所涉及的热点词汇和重要领域，经过一定的分词、去噪、清洗、过滤等步骤，初步聚合出“强制拆迁问题”专题的发展演化的 6 个关键特征词汇，分别是：强拆、暴力、违法、政府、监管、利益、矛盾。

进而，根据观点涉及的特征词汇和观点所涉及的领域以及网民发表的各个观点内容本身之间存在的相关性、差异性可以将这些观点分为以下两大类：

1）分类观点一：利益关系复杂，拆迁行为不当

此分类观点包含了以下几个关键特征词：强拆、暴力、利益，对应的观点

包括：

观点 1：强拆太过于暴力，没有一点人性，强烈谴责这种行为。

观点 3：拆迁中的利益关系难以协调。

2）分类观点二：避免矛盾升级，政府需要加强对此类事件的监控和管理

此分类观点包含了以下几个关键特征词：政府、违法、监管、矛盾，对应的观点包括：

观点 2：期待政府处置违法官员，遏制此类事件再次发生。

观点 4：政府应加强此类专题的监管和调控，否则将会加剧矛盾。

观点分类比例图 6-21 所示。

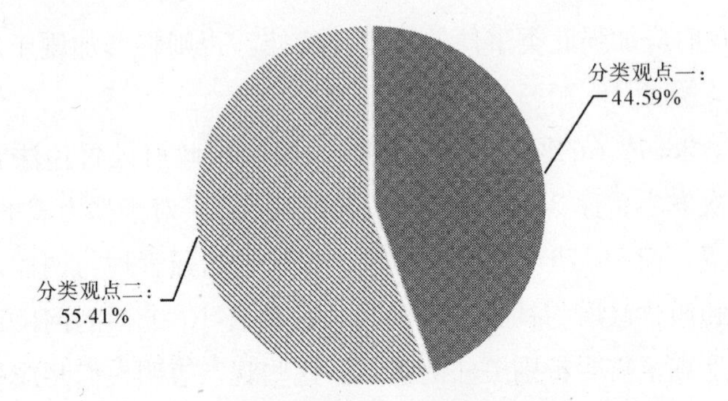

图 6-21 “强制拆迁问题”主题观点分类比例图

在参与“强制拆迁问题”讨论中，44.59％的网民认为拆迁过程中存在复杂的利益关系，且执行过程中行为不当，造成了极大的负面影响。随着城市以及新城镇建设的步伐加快，拆迁使部分群众在极不情愿的情况下被迫离开自己的住所，协调相关人员的各方利益已成为重中之重。

其次，55.42％的网民关注的是避免社会矛盾升级，政府需要加强对此类事件的监控和管理。目前发生的“强制拆迁”事件中，部分地方政府直接参与并出面进行管理，在没有相应机制的情况下，很难限制行政权力的滥用，从而可能会引起或激化社会矛盾。

3. 观点分类详细分析

为了更好地对相应的观点分类进行深入分析，本节报告对每一个分类观点内的网络用户分布以及网络民意进行了二次分类处理，希望通过网络用户的真实反馈信息来反映他们对这些问题的思考与建议：

1）分类观点一：利益关系复杂，拆迁行为不当

在进一步的数据分析与研究中，我们对网民针对“利益关系复杂，拆迁行为

不当”主题内的深入观点进行梳理与分析，特别是其中包含的两个细分的子观点，用户所持有这些细分子观点的比例图 6-22 所示。

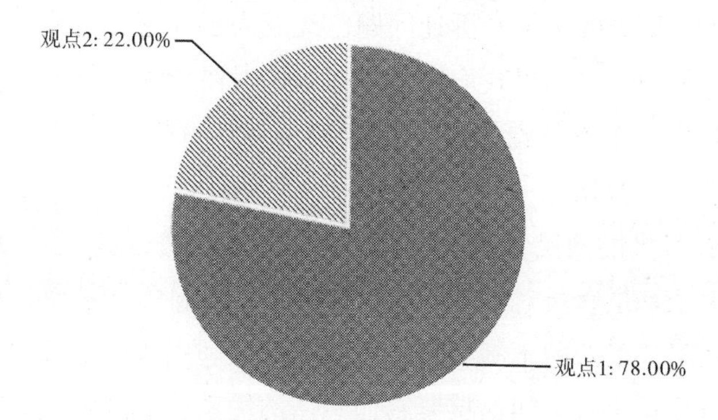

图 6-22　分类观点一细分子观点的比例示意图

这些细分子观点反映的内容如下：

观点 1：78.00%的网民认为强拆太过于暴力，没有一点人性，强烈谴责这种行为。如网民“DW8159”对“瑞云寺强拆”一事表示：

“你们是践踏了祖国、践踏了世界、践踏了所有佛教徒的尊严，最严重的，你们践踏了自己的脸，这个脸——越来越狰狞。这不是一般的城市拆迁专题，也不是一般的民事纠纷案件，而是一件国家公职人员涉嫌违宪、践踏宗教信仰、践踏社会人伦、渎职不作为等违法违规的问题!”

观点 2：22.00%的网民认为拆迁中的利益关系难以协调。拆迁中大部分能够顺利进行，但是总有一些“钉子户”不能配合工作，提出不合理甚至无理的要求，导致政府只能通过暴力手段进行强拆。

2）分类观点二：避免矛盾升级，政府需要加强对此类事件的监控和管理

该分类观点下还包含着 2 个主要的细分子观点，用户持有这些细分子观点的比例如图 6-23 所示：

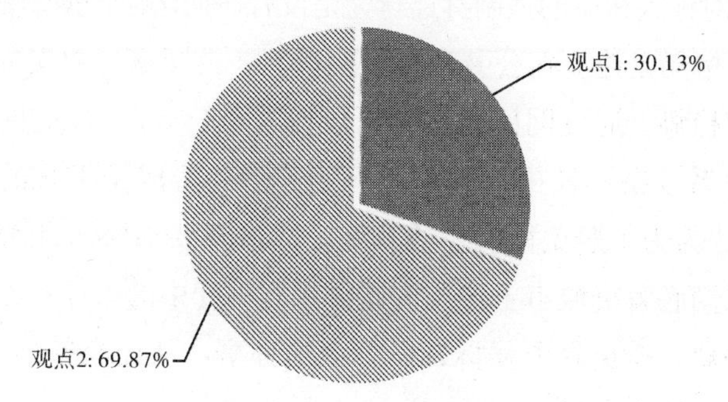

图 6-23　分类观点二细分子观点的比例示意图

这些细分子观点所反映的内容如下：

观点 1：30.13%的网民认为政府应加强此类事件的监管和调控，否则将会加剧矛盾。处于转型中的中国，拆迁问题已经成为了许多人所关注、急需解决而又很难解决的一个问题。如果政府在拆迁过程中对民情和民意处理的不合理，对居民提出的问题与要求不能给予令人信服的解释，有可能会导致居民情绪的不满，而将矛盾进一步激化。

观点 2：69.87%的网民认为：期待政府处置违法官员，遏制此类事件再次发生。目前，由于基层官员对强拆问题的处理方式不科学，甚至于存在一些违法的行为，并已经引起群众的不满和愤怒，政府应该利用法律手段大力惩戒违规和违法官员，使官员与民众之间保持紧密而和谐的关系。如网民“dfudn”所说：

“我们热切吁请并期待有关领导与管理部门，能够基于社会公理和人间正义，依法惩治瑞云寺事件中渎职违法官员，依法遏制类似事件的不再发生，依法保护公民的权利与尊严，依法保护公民宗教信仰自由与人身安全，依法彰显社会正气与人伦道德，积极推动和谐社会的建设。”

4. 观点总结

征地拆迁工作与城市发展紧密相关，随着中国经济的迅速增长和城市建设步伐的加快，城市拆迁房屋数量急剧增加，拆迁已经成为当今社会无法回避的一个话题，并成为社会矛盾交织的焦点和热点。其中的利益冲突成为这个问题的核心，如何合理解决利益冲突成为重中之重。《中华人民共和国物权法》明确规定：私人财产神圣不可侵犯。此外，根据《中华人民共和国土地管理法》第 83 条以及《中华人民共和国土地管理法实施条例》第 45 条之规定，土地征用房屋强制拆迁应由有关单位申请人民法院执行，即只有司法强制拆迁才算合法。而最高人民法院通知，各地法院不得以各种理由参与拆迁，法律并未授予行政机关强制拆迁的权利，因此行政诸机关对他人房屋的强制拆迁行为是没有任何法律依据、是非法的行为。

拆迁的整体格局是建立在公共利益的架构上，由国家权力支配的，因此也是一种不可逆转的趋势。通过网民数据分析可以看到，44.59%的网民认为拆迁过程中存在利益关系复杂，且执行过程中行为不当，造成了极大的负面影响。而 55.42%的网民认为为了避免社会矛盾升级，政府需要加强对此类事件的监控和管理。可见，要彻底解决城市土地和房屋征用和拆迁中的失序状态，特别需要完善相关的法律法规，避免暴力强拆，做到依法办事，从而有效地避免社会矛盾，并增强人民群众生活幸福感。

6.5.3　专题传播趋势

在整个专题传播的全生命周期过程中，所出现的异常拐点以及网络传播过程中的影响力与流量，也反映出其在传播过程中的特征。下面将利用这些特征指标来分析本专题的传播趋势。

1. 影响力

利用 2013 年 1 月 1 日～2014 年 1 月 15 日一年多的数据来深入分析研究该专题内的热点事件随着时间的演化过程。其中，网民对强拆问题的讨论在 2013 年 12 月发生在福州瑞云寺的强拆事件引发了网民广泛的关注，并在 2014 年 1 月 9 日～1 月 12 日参与讨论的用户数达到了高峰。通过分析专题涉及的帖子可以看出，网民“曾复詹”在 2014 年 1 月 9 日发表了名为“旧城改造与古寺突围 福州瑞云寺拆迁困局调查”的帖子，该帖一经发表就引起了网民激烈的反响。该事件响应日流量数据可以从另一个侧面清晰地看出这一专题的演化过程，如图 6-24 所示。

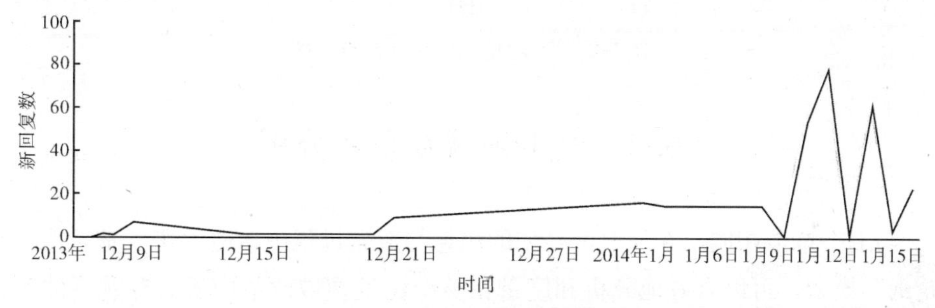

图 6-24　专题日流量时间趋势图

另外，过滤掉一些重复无意义的回复内容后，针对强拆问题的讨论中有意义的回复量已超过 350 条信息，从 2013 年 12 月开始受到关注后，该专题受关注的程度也在不断地增加，并且还有继续升温的趋势。该事件所包含的用户参与的总流量趋势如图 6-25 所示。

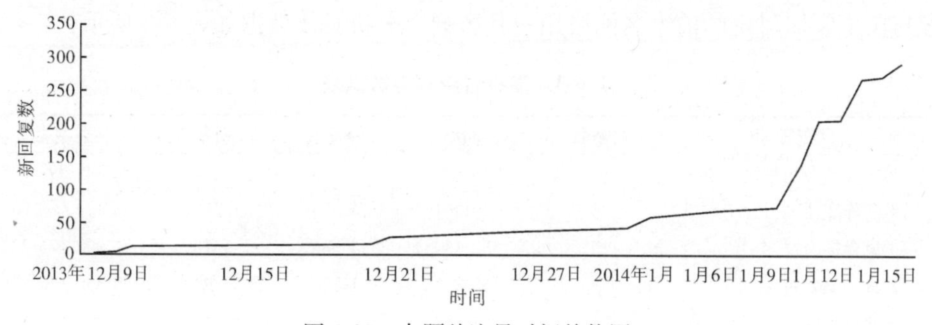

图 6-25　专题总流量时间趋势图

2. 传播情感分析

利用 Hownet 建立的一个有效的中文情感词库，通过对该专题内所有的帖子以及回复留言的内容进行分词与情感语义的处理之后，发现网民对强制拆迁问题的讨论是负向情感占据了主要的地位。特别是随着时间以及参与讨论的网民数量的增加，整个专题的情感变化（拐点）如图 6-26 所示。

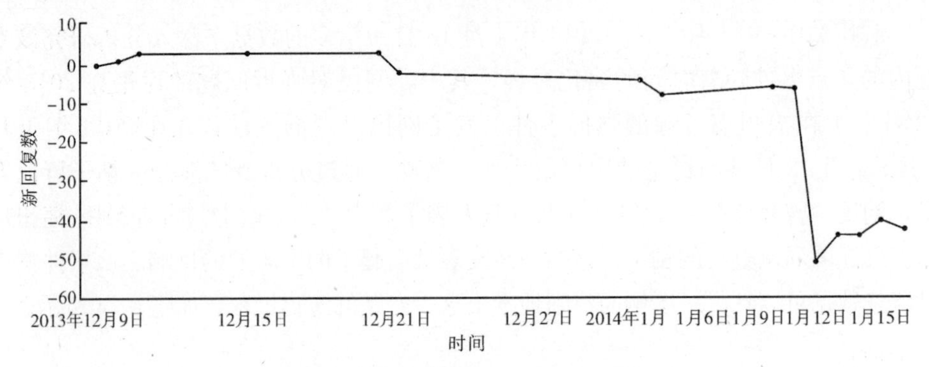

图 6-26　专题情感变化（拐点）图

6.6　民生领域发布者分析

与上一章节相同，在抓取网络中的信息与数据过程中，通过建立基于用户的“轮廓”模型，可以有效地分析和度量在整个民生领域改革中所有专题下的舆情动态以及舆情的发布者、参与者以及受到传播过程中影响的用户之间存在的联系。本节采用发布者影响力和活跃度两个简化指标来作为度量发布者的指标。

6.6.1　发布者影响力分析

利用获取的 2013 年全年所有与民生领域相关的内容数据来展开分析，其中，参与民生领域讨论的前十名网络用户其影响力分析具体数据如表 6-3 所示：

表 6-3　发布者影响力数据表

发布者	发帖数	浏览次数	回复数	粉丝数	影响力
妈妈女儿今生情缘	16	290 404	7 638	28	0.999 999 973
天门阵 2010	6	50 084	6 025	710	0.999 436 733
正风青杨	5	652 630	14 586	6573	0.998 475 374
好日子笑着过	5	40 859	1 274	31	0.998 475 374
陕北黑脸汉子	1	3 117	116	18 871	0.995 902 735

续表

发布者	发帖数	浏览次数	回复数	粉丝数	影响力
如火柔情	4	14 747	289	6	0.995 266 03
宇达律师	3	31 552	768	1 067	0.989 196 388
马路上的刺猬	1	1 035	22	156	0.989 196 388
黑夜给你黑眼睛	3	163 945	6 126	8	0.989 110 039
大玉 5	3	14 770	1 038	7	0.988 961 791

表 6-3 显示出了在民生领域中用户影响力排在前 10 位的用户。其影响力指数的计算同 2.1.2。其中，发布者“妈妈女儿今生情缘”影响力几乎趋近于 1，可将其看作“意见领袖”，其余 9 位的影响力也在 0.988 之上，说明他们在论坛中的影响力也颇高。

6.6.2 发布者活跃度分析

活跃度指标也是进行舆情传播分析的关键性指标，它可以通过发布者的发帖数以及发布者本人参与的其他相关帖子的回复数来度量的，详细的计算参见 2.1.2。利用获取的 2013 年全年所有与民生相关的内容数据来展开分析，参与民生领域讨论的网络用户其活跃度分析具体数据如表 6-4 所示。

表 6-4 发布者活跃度数据表

用 户	回帖数	发帖数	活跃度
妈妈女儿今生情缘	3 934	16	1
江湖隐士之暗心	1 757	2	0.445 742 306
天舒常熟 3	920	1	0.233 391 421
景县苗木合作社	899	1	0.228 067 904
住房公积金怎么补	851	1	0.215 899 869
wang 东明	787	1	0.199 675 806
三月风 s	737	1	0.187 000 742
天门阵 2010	710	6	0.181 008 261
Archangel _ S	708	1	0.179 649 212
被精神病周成	697	1	0.176 860 705

其中，以活跃度最大的数据值进行归一化处理，即在民生领域发布者活跃度指标排在前 10 名的用户如表 6-3 所示，这表明这些用户在论坛中比较积极活跃，网络参与度较高，特别是“妈妈女儿今生情缘”在网络中活跃度排在首位，参与了 3934 次的帖子回复。

综上可知，在影响力和活跃度的前 10 名用户中，“妈妈女儿今生情缘”影响力和活跃度均排在首位，属于活跃型意见领袖，可以对其他在网络中的影响和作用进行进一步的研究。

6.7 本章小结

所谓民生，主要是指民众的基本生存和生活状态，以及民众的基本发展机会、基本发展能力和基本权益保护的状况。党的十八大报告关于保障和改善民生的重要论述指出："提高人民物质文化生活水平，是改革开放和社会主义现代化建设的根本目的。"从这个意义上说，无论是全面建成小康社会、实现中华民族伟大复兴的宏伟目标，还是经济、政治、文化、社会、生态"五位一体"总体布局，实际上都贯穿着切实关注民生、重视民生、保障民生、改善民生这条主线，都以努力让人民过上更好生活为目标和归宿。

由于民生领域涉及百姓的教育、就业、收入、保障等与老百姓个人切身利益紧密相关的一系列问题，因而一直受到广泛地关注。而本章主要对十八届三中全会民生体制改革进行舆情分析，分别从网民所关注的公务员薪资问题、转基因问题、强制拆迁问题 3 个专题进行分析，希望从社会公平、食品安全以及个人物权等民生领域中的一些社会热点问题来切入，分析网络中网民群体对这一些问题的思考与讨论。通过上述几个民生相关问题的数据分析，可以管中窥豹。另外在分析过程注意到在网络论坛之中，无论是在讨论公务员薪资改革问题、转基因食品的安全问题、还是强制拆迁所引发一些社会矛盾问题的分析中都能够清晰地看到这一种社会理性力量的崛起。同时，越来越多的网民提出需要利用法律的手段来保障与维护百姓个人权益的呼声也在高涨，充分利用法律所建立起来的公平正义的社会底线，也将是解决民生问题的关键之一。

民生连着民心，民心连着党心。只有着力改善民生，把人民群众最关心、最直接、最现实的利益实现好、维护好、发展好，才能使党同人民息息相通。"忧民之忧者，民亦忧其忧；乐民之乐者，民亦乐其乐。"只要始终关注民生、不断改善民生，就可以凝聚民心、集中民智、发挥民力，才能顺利实现"两个一百年"的奋斗目标和中华民族伟大复兴的中国梦！

第7章 生态保护领域的相关舆情分析

改革开放以来，我国经济一直呈现出高速增长的态势，经济总量已跃居世界第二位，增长速度、引进外资、外汇储备居世界第一位。然而在经济高速增长的同时，我国的资源环境也急剧恶化。目前我国的煤炭、石油、钢铁年消耗量占世界第一，单位GDP能耗是发达国家的8～10倍。

此外，全国每天约有1亿吨污水直接排入水体，全国七大水系中一半以上河段水质受到污染（孙承咏和周景博，2007）。特别是城市垃圾无害化处理率不足20%，工业危险废物、化学物品处理率不足30%。由于多种来源的环境污染，多年来环境污染事件频发，土壤污染、空气污染、河水及海洋污染、土地荒漠化、水资源短缺、生物多样性锐减等环境问题日益严重。2013年1～2月，持续多日的雾霾天气令北京、西安等多个城市的居民深受其害，空气中$PM_{2.5}$严重超标，直接导致呼吸道疾病患者大量增加。中国的城市污染一度成为世界诸多媒体争相报道的焦点。发达国家100多年来取得的经济成果，我国改革开放30多年就已取得，然而西方发达国家100多年来才发生的环境问题，在中国不到30年的时间里就集中体现。

针对这些问题，我国近年相继出台了一系列相关的法律和法规，并在2012年11月党的十八大中提出了“大力推进生态文明建设”的战略决策，希望通过建立系统完整的生态文明制度体系，实行最严格的源头保护制度、损害赔偿制度、责任追究制度，完善环境治理和生态修复制度，用制度与法律来保护生态环境。特别是在2013年11月召开的十八届三中全会上进一步明确了生态改革的目标，其中包括：制定实施生态文明建设目标体系、推进生态保护红线划定工作、深化环评审批制度改革、建立健全生态补偿机制、完善排污许可制度和企事业单位污染物排放总量控制制度、完善环境政策法规等。这为未来生态改革的具体方针政策的制定指明了工作方向。但是底层的民众在此问题上有什么样的建设思考以及他们对环境保护与生态文明建设所持有的态度与倾向，也是本书研究关注的焦点之一。

从天涯论坛中选取了生态领域相关的数据，特别针对生态领域中的热点专题进行深入的总结和分析，从而了解网民们在生态方面建设的舆情。

7.1 生态领域热点专题分析

本章从天涯论坛中选取了2013年1月1日～2014年1月15日的生态领域的相关数据，针对生态领域热点专题的相关舆情热度的变化进行统计分析，其中热点专题舆情热度变化趋势如图7-1所示。

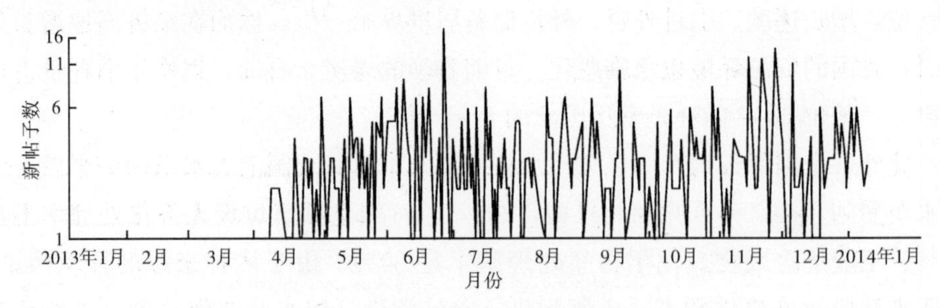

图 7-1 热点专题舆情热度变化图

图7-1可知，从2013年1月1日～2014年1月15日，网民对生态领域的关注度呈平稳状态且一直较低，虽然从2013年4月开始帖子数有所增加，但每天新增帖子不超过16篇。一位网民曾发表“环保落实离我们有多远”一文，也从一个侧面反映出来了网民认为保护环境与个人的生活还存在一定的距离。通过针对一年来生态领域的内容进行分析后，2013年中生态领域相关的十大热点专题如表7-1所示。

表 7-1 生态领域相关的十大热点专题

热点专题	发布时间	热度	参与度	负面指数	受众影响力
保护环境-处理好废旧手机	2013-11-19	1	1	0.402	0.278
巧用活性炭，远离室内污染	2013-08-14	0.898	0.863	0.119	0.261
室内环境污染检测陷阱不少	2013-07-18	0.888	0.743	0.273	0.352
甲醛轻微污染可选植物除甲醛	2013-12-16	0.812	0.489	0.023	0.162
重金属污泥的危害性需要重视	2013-05-29	0.788	0.782	0.326	0.284
南京遇今年最严重雾霾天气，网民:毒死在城下	2013-11-22	0.753	0.682	0.397	0.364
鄱阳湖将变成中国最大污水湖	2013-07-23	0.721	0.561	0.485	0.253
浅谈如何让大自然返璞归真	2014-01-13	0.692	0.714	0.064	0.194
环保落实离我们有多远	2013-05-12	0.675	0.384	0.131	0.302
灰霾治理！有戏吗？	2013-05-09	0.607	0.216	0.327	0.168

根据本书的指标体系定义，对热点帖子进行热度以及参与度的计算，如表 7-1 所示，生态方面民众关注的热点专题主要为：环境污染与环境保护问题。其中针对环境污染，热度较高的帖子主要反映了对于工业废旧物、重金属、化学物质等对室内或室外环境所带来的污染与危害。另外，针对各地发生的严重雾霾天气，也引发人们对灰霾治理与回归自然的迫切希望。综上，本章将从旧手机对环境的影响和雾霾问题进行深入的舆情分析。

7.2 生态领域热点词分析

近年来，世界能源消费剧增，生态环境不断恶化，特别是温室气体排放导致日益严峻的全球气候变化，人类社会的可持续发展受到严重威胁。我国作为能源消费大国，人均资源少、环境容量小，节约能源资源，保护生态环境，是深入贯彻落实科学发展观、推进生态文明建设的必然选择。十七届三中全会中一如既往地将生态与农村发展结合起来，发展节约型农业，加强生态环境保护；在 2013 年政府工作报告中着重强调了生态文明的建设，同时在十八届三中全会中也注重生态文明的建设与改革。本章将这三次会议中针对生态文明建设与改革的内容中出现的热点词和词频进行了统计分析，统计出现次数（词频）较高的前 20 个作为关键词，并对其分布进行分析，如表 7-2 所示。

表 7-2 三次报告的热点词和词频

十七届三中全会		政府工作报告		十八届三中全会	
热点词	词频	热点词	词频	热点词	词频
农村	12	环境	9	生态	6
建设	10	生态	6	制度	6
生态	5	保护	5	保护	3
农业	5	发展	4	环境	2
保护	5	海洋	4	文明	2
工程	4	人民	4	建立	1
能源	4	资源	3	完整	1
发展	4	开发	3	建设	1
环境	3	产能	3	有偿	1
资源	3	能力	3	自然资源	1
草原	3	总量	2	体制	1
农民	2	能源	2	系统	1
森林	2	面积	2	资源	1

续表

十七届三中全会		政府工作报告		十八届三中全会	
热点词	词频	热点词	词频	热点词	词频
技术	2	质量	2	管理	1
防治	2	制度	2	改革	1
饮水	2	关系	2	管制	1
设施	2	排放	2	补偿	1
生活	2	调整	2	资产	1
安全	2	群众	2	体系	1
服务	2	节约	2	健全	1

从表 7-2 可以看出，在三次报告的热点词统计中，“环境”一词共现率最高，可以看出，在近五年的时间里，生态保护是生态文明建设和改革的重点，并且政府将继续秉持着建设生态文明的宗旨。同时，“生产”、“资源”两词在三次报告中的出现率也比较高，说明我国将继续坚持节约和保护生态资源的基本国策，着力推进绿色发展、循环发展和低碳发展。“制度”一词在十八届三中全会中出现的频率较高，更加体现了建立一套完整的生态文明制度体系的重要性，用制度保护生态环境更具有科学性和合理性。

7.3 专题 1：雾霾问题

随着我国社会发展和国民经济的不断增长，环境空气质量，特别是大气污染物包括细颗粒物（$PM_{2.5}$）形成的雾霾天气成为了人民群众普遍关心的焦点问题。雾霾不仅会导致能见度降低，影响交通运输等的正常开展，而且雾霾发生时包含的大量污染物，对居民生命健康和生活环境带来了严重的影响。已有研究表明雾霾污染不仅威胁了人体健康，使得呼吸道、心血管、生殖系统方面病症的发病率上升，甚至会引发死亡率的上升（黄雯，2012）。近年来，我国中东部地区雾霾频发且持续时间较长，特别是京津冀地区发生了多次强雾霾污染事件，根据中国环境监测总站发布的 2013 年 1 月我国 74 个城市空气质量状况月报（参见 http://www.cnemc.cn/publish/totalWebSite/news/news_33891.html），如按环境空气质量标准（GB3095-2012）评价，74 个城市总体达标天数比例为 31.60%，超标天数比例为 68.40%；$PM_{2.5}$ 日均浓度超标率为 68.90%，最大日均值为 $766\mu g/m^3$，空气污染严重。

2013 年中央经济工作会议中，“环境治理和保护生态”作为“改善民生的当务之急，是转方式、调结构的关键举措”被首次作为三大民生问题之一列入了2014年经济工作的六大主要任务之中。传统的“高污染、高能耗、高排放”的经济发展模式所产生的“生态赤字”倒逼着经济战略转型，控制环境和生态污染必须从生产、消费、能源、环境、制度等多层面综合治理并标本兼治。这就要求一方面是要加强环境管理规章与制度建设，运用行政、法律和经济手段来激励企业采用更先进的生产技术和环境保护技术改造传统产业和落后的生产工艺与设备，降低能耗以及$PM_{2.5}$等污染物的排放量；另一方面，加快创新循环经济发展的技术应用范式，大幅度地提高资源循环利用的效率，降低经济发展对原始资源的消耗。此外，通过发展战略性新兴产业，通过产业结构调整与创新，大幅度降低高消耗高污染排放产业和产品的需求，从而彻底扭转严重雾霾天气大范围频发的趋势。

雾霾的形成有复杂的原因，治理也是一个长期的过程。由于它与百姓生活质量与健康密切相关，一直是社会各界广泛关注的焦点，而该问题在天涯论坛的数据中也得到了反映，本节将利用这一些网络数据来进一步分析网民对此问题的讨论、思考与见解。

7.3.1　专题发展趋势

本章从获取的2013年1月～2014年1月间天涯论坛中针对“雾霾问题”这一专题相关的数据进行分析，并且从该专题下抽取出具有较多网民参与的帖子，这些帖子在2013年度的趋势图如图7-2所示。

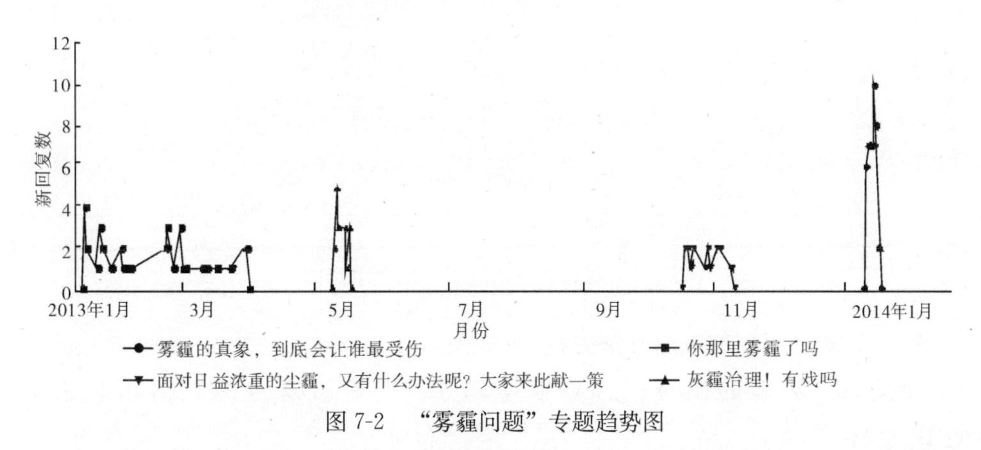

图7-2　“雾霾问题”专题趋势图

2013年1月13日，网民“天边的神马abd”在天涯论坛发表了一篇名为“你那里雾霾了吗”的帖子，该帖一经发表就引起了网民的关注与参与。随后网民不断地发表了一些相关的帖子，如“灰霾治理！有戏吗?”、“面对日益浓重的尘霾，又有神马办法呢？大家来此献一策”以及“雾霾的真相，到底会让谁最受伤”等一系列帖子，不断引起了网民的关注与参与讨论。因此，我们将这些帖子作为一个舆情热点案例，对该热点专题的结构特征和传播特征进行深入分析。

此外，在专题内的帖子传播过程中，一些网民针对所发表帖子的观点进行了回复，其中，也产生了一些具有一定影响力的新观点，并引发了网民的关注和讨论，在此一并加以分析。

7.3.2 观点分类与观点列表

1. 专题主要观点挖掘列表

通过上述的网络数据信息，分析此专题内所有网民发表的帖子以及回复等全部言论信息，参考前文所描述的热点话题、相关观点挖掘以及观点倾向进行语义处理的方法，经过文本清洗、语义分析、观点聚类这三个步骤，提取到的观点主要有 7 个，这 7 个观点占整个用户分布的比例数据如图 7-3 所示。

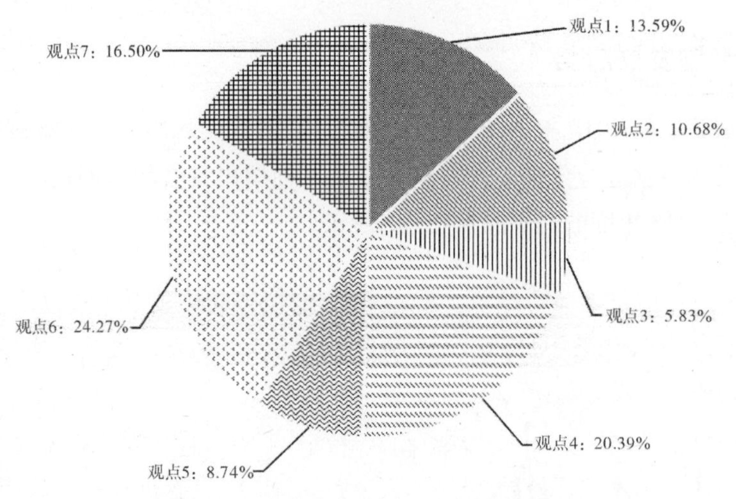

图 7-3 雾霾热点话题观点比例示意图

图 7-3 中，相应的观点分别为：

观点 1：雾霾的出现已经遍及全国了。持有该观点的人数占总人数的 13.59％。

观点 2：雾霾的形成是因为电磁波的污染。持有该观点的人数占总人数的 10.68％。

观点3：雾霾是春秋时分的常态，不用过多担忧。持有该观点的人数占总人数的5.83%。

观点4：低技术的燃烧排放是形成雾霾的基本原因。持有该观点的人数占总人数的20.39%。

观点5：公路尘埃和汽车的尾排放物也是形成雾霾的关键因素。持有该观点的人数占总人数的8.74%。

观点6：雾霾的危害程度已经十分严重，治理已经刻不容缓。持有该观点的人数占总人数的24.27%。

观点7：加强环境保护，减少燃烧排放颗粒物。持有该观点的人数占总人数的16.50%。

综上，讨论最热门的是观点6，持有该观点的人数占总人数的24.27%，他们认为雾霾的危害程度已经十分严重，治理已经刻不容缓；且13.59%的网民认为雾霾已经是全国性的问题了，说明网民对于雾霾危害的普遍关注，迫切地希望政府出台相关政策来治理雾霾。另外，从雾霾成因上来看，约20.39%的网络用户认为低技术的燃烧排放是形成雾霾的基本原因（即观点4）；仅8.74%的网民认为公路尘埃和汽车的尾排放物也是形成雾霾的主要因素；16.50%的网民提出加强环境保护，减少燃烧排放颗粒物来减轻雾霾影响的程度。下面将对这些观点进行进一步的研究与分析。

2. 观点分类

通过分析网民发表的评论内容，并统计分析相关观点和讨论所涉及的热点词汇、重要领域，通过针对文本的分词、去噪、清洗、过滤等步骤，初步聚合出“雾霾问题”专题的发展演化的七个关键特征词，分别是：尾气、污染、排放、大范围、预警、严重、保护。

根据观点涉及的特征词汇和观点所涉及的领域以及网民发表的各个观点内容本身之间存在的相关性、差异性，可以将上述7个观点进行进一步聚类分析后，形成以下两个大类：

1）分类观点一：产生雾霾存在多种原因，污染范围正在扩大

此分类观点包含了以下几个关键特征词：尾气、污染、排放、大范围。对应的观点有：

观点1：雾霾的出现已经遍及全国了。

观点2：雾霾的形成是因为电磁波的污染。

观点 3：雾霾是春秋时分的常态，不用过多担忧。

观点 4：低技术的燃烧排放是形成雾霾的基本原因。

观点 5：公路尘埃和汽车的尾气排放物也是形成雾霾的关键因素。

2）分类观点二：雾霾产生了严重的危害，应该尽快治理

此分类观点包含了以下几个关键特征词：预警、严重、保护。对应的观点有：

观点 6：雾霾的危害程度已经十分严重，治理已经刻不容缓。

观点 7：加强环境保护，减少燃烧排放颗粒物。

上述分类观点的用户分布比例如图 7-4 所示。

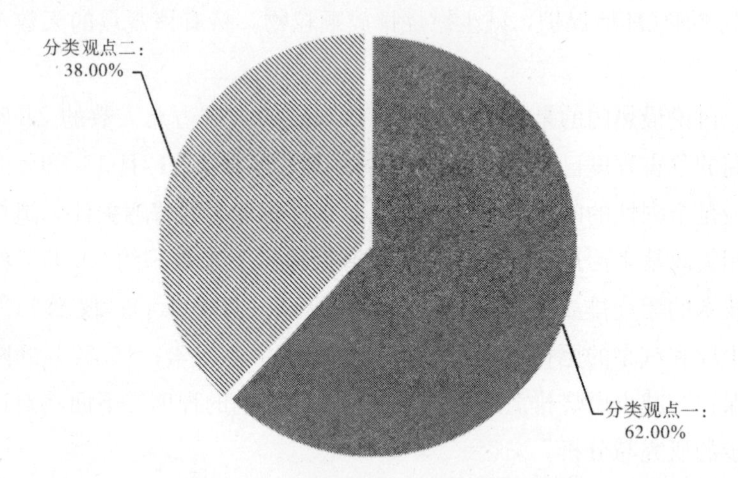

图 7-4 “雾霾问题”观点分类比例图

从图 7-4 中可知，在参与“雾霾问题”讨论中，62.00%的网民分析了雾霾可能产生的原因与地域，这一些原因中最主要的为低技术造成的颗粒化的污染物排放（观点 4），其次认为雾霾是电磁波的污染所引起（10.68%的网民），而只有 8.74%的网民认为公路尘埃和汽车的尾气排放物也是形成雾霾的关键因素。另外，有近 19.42%的网民认为雾霾与地域和季节有关（观点 1 和观点 3），并且目前已从区域发展到全国性的污染问题，多地区成为雾霾重灾区，持续时间较长，严重威胁到了民众的正常生活。

其次，38.00%的网民关注的一大重点是雾霾对民众产生的危害，希望政府尽快治理。其中，24.27%的网民认为雾霾的危害程度已经十分严重，治理刻不容缓。16.50%的网民呼吁加强环境保护，并减少污染物的排放。政府有关部门应该尽快采用环境保护、经济转型以及技术升级等一系列针对性的措施来系统地治理雾霾，给民众一片清洁的蓝天与清新的空气。

3. 观点分类详细分析

为了更好地对相应的观点分类进行深入的分析，本节对每一个分类观点内的网络用户分布以及网络民意进行了二次分类处理，希望通过网络用户的真实反馈信息来反映他们对这一问题的思考与建议。

1）分类观点一：产生雾霾存在多种原因，污染范围正在扩大

在进一步的数据分析与研究中，针对网民关于“产生雾霾存在多种原因，污染范围正在扩大”的主题进行梳理与分析，其中在本分类观点中，还存在 5 个细分的子观点，用户所持有的这些细分子观点的情况分布如图 7-5 所示。

其中，图 7-5 中所示观点进一步分析如下：

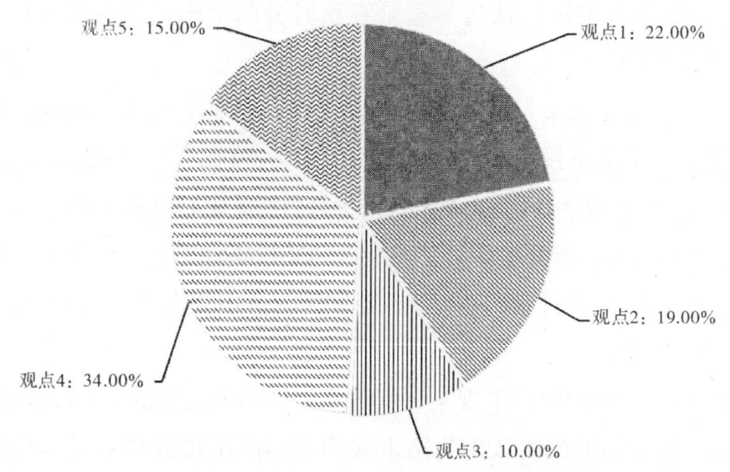

图 7-5　分类观点一细分观点的比例示意图

观点 1：22.00％的网民认为雾霾的出现已经遍及全国了。雾霾发生与否已经成为当下衡量空气质量的重要指标。可见根据民众的直观感受，雾霾已经是困扰广大民众正常生活的重要因素。

观点 2：19.00％的网民认为雾霾的形成是因为电磁波的污染。如网民“天边的神马 abd”所说：

“霾的表现和雾很相似，所以通常称之为雾霾。其实二者的形成机理是完全不同的。雾的形成是因为空气中有大量看不见的水蒸气这只手。霾的形成，同样也有一只看不见的‘凶手’。这只手就是空气中大量的网络电磁波。在汽车成为代步工具的今天，尤其是大中城市的上空，空气中会有大量的金属微细颗粒。当网络电磁波在空中纵横交错，此起彼伏，来回穿梭时，由于电磁波的感应现象，那些大量的细微金属颗粒会生成感应电。因为金属微颗粒在空气中成散状分布，

颗粒之间是由扬尘、烟尘、粉尘等其他杂物相隔，不能形成导线作用，产生感应电流，所以只能形成一个个静电感应体，成为一个个静电颗粒。静电是有吸附能力的。这些大量散状分布的微细金属带电颗粒，将周围的粉尘、烟尘等其他颗粒物吸附在一起，形成以金属颗粒为中心的带电复合颗粒。大量的静电复合颗粒因电的特性“同性相斥，异性相吸”之原理，复合颗粒之间相互牵制、吸引，立体连成一片，阻止了颗粒物的自由沉降，让其长时间悬停在空中，从而形成了霾。因为网络信号的不间断，空气中的复合颗粒体就一直处于带电状态，霾就会一直继续下去，直到有风、雨、雪的降临，才能得以消解。雾霾天气能持续几十天的状况也就不难理解了。”

观点 3：10.00%的网民认为雾霾是春秋时分的常态，不用过多担忧。如网民“野牧 003”所说：

“春秋之际，冷湿之交，雾气是常态。很多晴日都有晨雾，我在长沙，无论 $PM_{2.5}$ 多大值，感觉上都没很多差异。我相信人是进化的，不用那么担心。”

观点 4：34.00%的网民认为低技术的燃烧排放是形成雾霾的基本原因。随着工业化进度的加快，能源消耗是工业发展的必须支柱。能源消耗过程，低技术使用导致了大量的污染排放，有害颗粒不断在空中聚集形成了雾霾。如网民“destiny2408”所说：

“如果说楼主的理论解释了现象，低技术的燃烧排放应该是基础因素吧。”

观点 5：15.00%的网民认为公路尘埃和汽车的尾排放物也是形成雾霾的关键因素。当今社会，交通四通八达，使人们的生活速度不断加快，同时，产生了更多的尾气和污染。如网民“歌颍上旗旆烁”所说：

“公路尘埃（轮胎和水泥路面因摩擦产生的路面磨塌），和汽车产生的废气颗粒物（含金属磨损颗粒），在川流不息的汽车气流作用下，带到空中，因受到网络信号电磁波的静电感应，不能自由沉降回地面，逐渐积累，聚集，长时间悬浮在空中，影响空气的能见度。雾霾不是一两天就能形成，只有在不断累积的过程中，颗粒浓度达到相应的级别，从轻度、中度到重度，逐级累加发展，直到遇到降雨天气，在雨水的作用下，积聚的颗粒重新沉降到地面，一次雾霾现象被消解。”

2）分类观点二：雾霾产生了严重的危害，应该尽快治理

在本分类观点的进一步数据分析与研究中，发现该分类观点下还存在着 2 个主要的细分子观点，用户持有这些细分子观点的比例如图 7-6 所示。

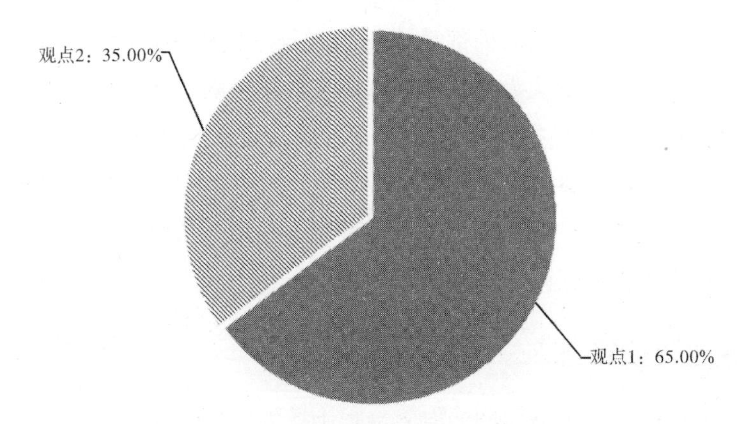

图 7-6　分类观点二细分子点的比例示意图

这些细分子观点所反映的内容如下：

观点 1：65.00%的网民认为雾霾的危害程度已经十分严重，治理已经刻不容缓。根据专家的研究，雾霾的组成成分非常复杂，包括数百种大气颗粒物。其中危害人类健康的主要是直径小于 10 微米的气溶胶粒子，它能直接进入并黏附在人体上下呼吸道和肺叶中，引起鼻炎、支气管炎等病症，长期处于这种环境还会诱发肺癌。除了癌症，雾霾天还是心脏杀手。有研究表明，空气中污染物加重时，心血管病人的死亡率会增高，阴霾中的颗粒污染物不仅会引发心肌梗死，还会造成心肌缺血或损伤。人们在如此的环境下生活，对健康以及生活均带来了直接的影响和威胁。因此，迫切地需要政府有关部门应该切实做好治理工作。

观点 2：35.00%的网民认为治理好雾霾应该加强环境保护，减少燃烧排放颗粒物。这将是整个治理雾霾行动中的一个重要的组成部分。要治理雾霾，一方面通过控制和减少污染颗粒物的排放；另一方面则需要加大环境保护的力度，从根源上着手进行标本兼治。

4. 观点总结

要彻底扭转严重雾霾天气大范围频发的趋势，需要我们深入了解雾霾产生的机理以及对民众产生的影响。2013 年来“雾霾问题”从单一的环境保护问题转化成了“民生”领域的核心问题，主要是因为它对民众的身体健康产生的影响，受到民众的广泛关注，这也对民众进行环境保护的迫切性与重要性提供了一个现实的场景。在对“雾霾问题”的分析过程中，一方面，民众关注于雾霾产生的原因与影响，除了由于生态环境中大量的植被遭到严重破坏，近地表水汽大量蒸发，空气湿度持续变小，地球局部系统不能自行净化和协调而可能导致雾霾外，从网络数据中发现，网民认为主要的原因在于低技术的燃烧排放、电磁波的污染以及公路尘埃和汽车的尾排放物等。另一方面，民众也关注雾霾治理的一些措施，即通过政府引导并通过科学技术进步和环境规划的强化来加大降耗力度，转变和优化经济发展结构，强化环境保护的意识与作用，从根源上着手进行标本兼治，彻底扭转严重雾霾天气大范围频发的趋势。

7.3.3 专题传播趋势

在整个专题传播全生命周期的研究过程中，专题信息在传播中出现的异常拐点以及网络传播过程中的影响力与情感倾向，也反映出其在传播过程中的特征。本节针对本专题内的传播趋势内的特征指标进行分析。

1. 影响力

利用 2013 年 1 月～2014 年 1 月的数据来分析研究该专题内的热点事件以及这一些事件随时间的演化过程。其中，雾霾问题的讨论分别在 2013 年 5 月和 2014 年 1 月达到了高峰。通过分析专题涉及的帖子可以看出，网民“孤独治霾人”在 5 月 9 日发表了名为“灰霾治理！有戏吗?”的帖子，该帖一经发表就引起了网民激烈的反响。2014 年 1 月 10 日，网民“天边的神马 abd”发表了帖子“雾霾的真相，到底会让谁最受伤?”，该帖子也吸引了网民的关注，同时把对雾霾问题的讨论推上一个新的高峰。该专题访问的日流量趋势如图 7-7 所示。

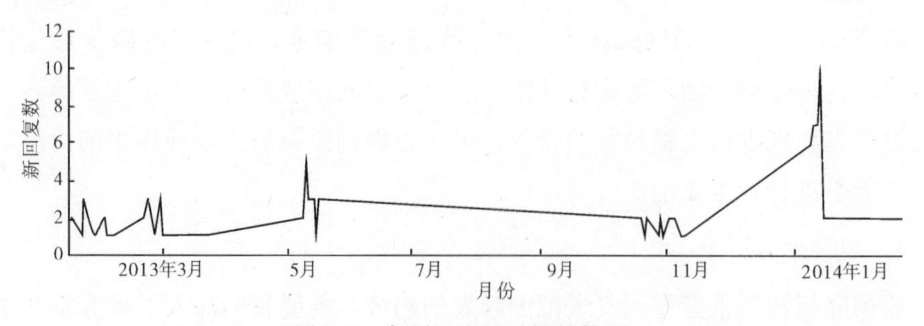

图 7-7 专题日流量时间趋势图

另外，在雾霾问题的讨论中，从 5～9 月，增长趋势渐进平缓，说明进入夏季后，雾霾天出现频次减少，网民对此问题的关注度随之降低。而进入十月份后，随着秋冬季节的开始，雾霾天气逐步严重，网民的关注度也再次被聚焦到了雾霾问题之中。该专题所包含的用户参与的总流量趋势如图 7-8 所示。

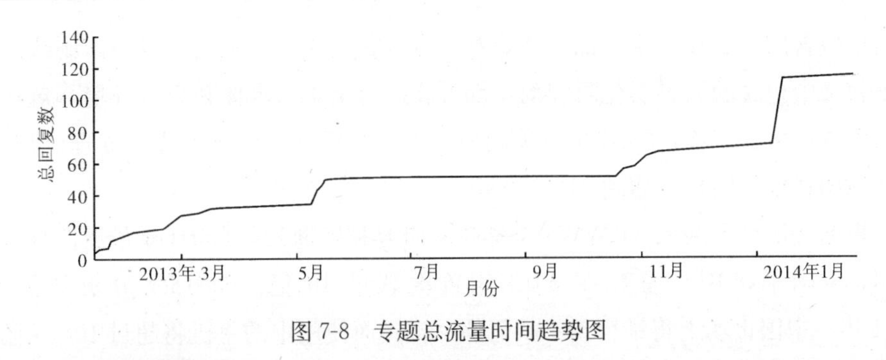

图 7-8 专题总流量时间趋势图

2. 传播情感分析

利用中文情感词库，通过对该专题内所有的帖子以及回复留言的内容进行分词与情感语义的处理之后，发现网民对雾霾问题的讨论负向情感占主导地位。且随着讨论的深入进行，负面情感变得越来越多，说明网民对雾霾问题体现出了强烈的关注与一定的不满情绪。这也给政府提供了一个警示，应该尽快加强雾霾的治理，让民众呼吸上干净的空气。整个专题的情感变化（拐点）如图 7-9 所示。

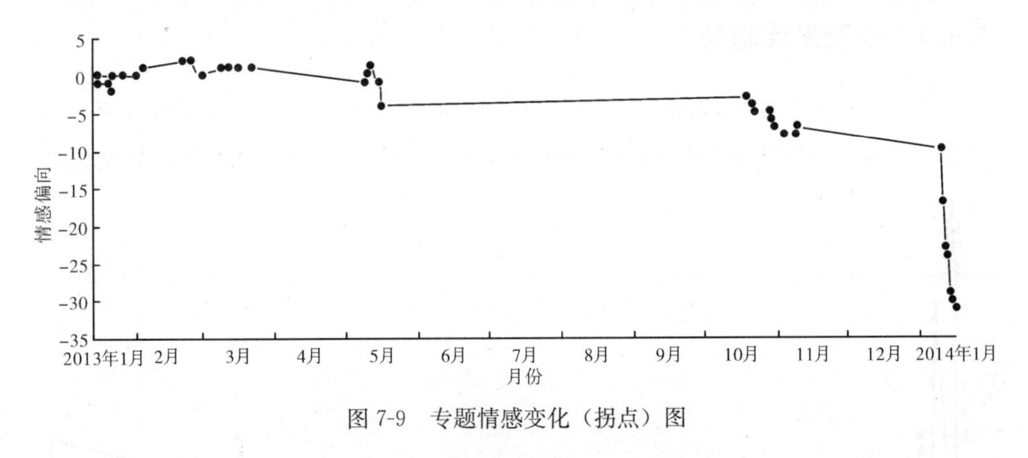

图 7-9 专题情感变化（拐点）图

7.4 专题 2：废旧手机对环境的影响

废旧手机作为电子废弃物的一种，处理处置不当，会直接或间接威胁环境和人类健康。环境研究组织 Inform 最新指出，手机等手持设备的组件及电池，因含有不可分解的有害物质，即使通过填埋或焚化等方式处理，仍将在环境中堆积有害物质，进而将危害人体健康，导致癌症、神经系统功能失调等疾病。此外，对于手机及其他电器中不能或难以手工拆解的部件，如细小电线，电线头、印刷线路板，如果采用露天燃烧，简单的强酸浸泡等传统工艺和装置加工利用的话，手机中包含的铅、锡、汞、镉、铬等有毒重金属的废液、废气，以及印刷线路板和塑料架中包含的大量溴化阻燃剂，都可能进入土壤、水体和大气环境，对环境产生严重危害。例如，2005年，美国将堆积的5亿支手机进入废物处理流程后，向环境中释放的铅含量达到312 000磅。

根据通信世界网讯（CWW）全球技术研究和咨询公司Gartner最新调查报告表明，中国手机用户总数在2013年首次超过10亿。Gartner分析师预测，2014年，中国市场上将销售4.435亿部手机，而使用中的手机将超过10.75亿部（数据来源：http://zhidao.baidu.com/question/1445618040794490540.html）。这也意味着仅中国在2014年内将有大约4亿部左右的手机成为废旧淘汰的电子垃圾，如何有效地处理好这一些电子废弃物，不仅关系到资源的利用与回收的问题，更是关系到我们的生态系统建设与环境保护的重大课题，引起了社会各界的广泛的关注，而这一问题在天涯论坛的数据中也得到了反映，下面将利用这一些数据来进一步分析网民对此问题的思考与见解。

7.4.1 专题发展趋势

针对天涯论坛中获取的关于“旧手机回收问题”专题下的数据进行分析，并且从该专题下抽取出具有网民参与的帖子，这些帖子在2013年度的趋势变化如图7-10所示。

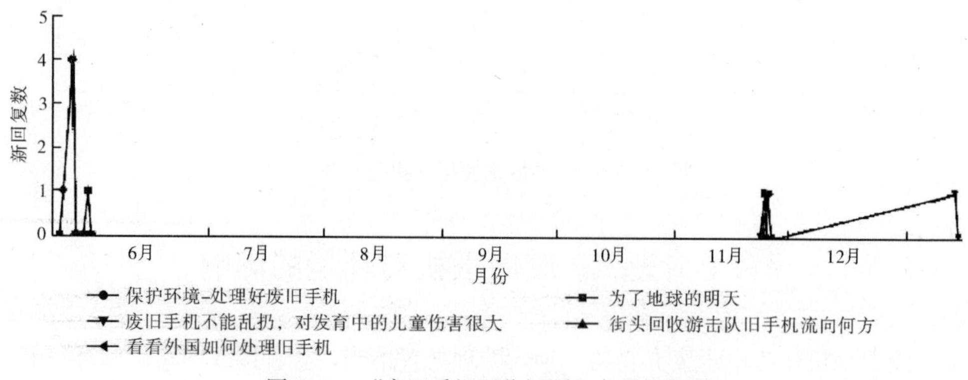

图7-10 “废旧手机回收问题”专题趋势图

从图7-10可知，2013年5月下旬，网民在天涯论坛发表了一篇名为“保护环境—处理好废旧手机”的帖子，该帖一经发表就引起了网民的关注与参与。随后网民不断地发表了一些相关帖子，如“为了地球的明天”、“物尽其用，利用好一切”、“街头回收游击队旧手机流向何方?”以及“废旧手机不能乱扔，对发育中的儿童伤害很大”等一系列帖子，不断引起了网民的关注与讨论。通过分析专题涉及的帖子可以看出网民对于手机回收问题的关注度比较高，同时对于废旧手机对环境以及人体所产生的影响比较担心。将这些帖子作为一个舆情的热点专题，对该专题的结构特征和传播特征进行深入分析。

此外，在这些帖子的专题传播过程中，一些网民针对所发表帖子的观点进行了回复，其中也产生了一些具有一定影响力的、理性的新观点，并引发了网民的关注和讨论，在此也一并进行分析。

7.4.2　观点分类与观点列表

通过上述的网络数据信息，针对网民在回复过程中的观点挖掘与倾向进行语义的处理，形成了本话题内的核心观点。

1. 专题主要观点挖掘列表

分析此专题中网民在帖子中发表的全部言论，参考十八届三中全会报告中涉及的热点话题以及相关的观点挖掘与倾向进行语义的处理，经过文本清洗、语义分析、观点聚类这三个核心步骤，提取到的观点主要可以分为 6 个，这 6 个观点占整个用户分布的比例数据如图 7-11 所示。

图 7-11 中，相应的观点分别为：

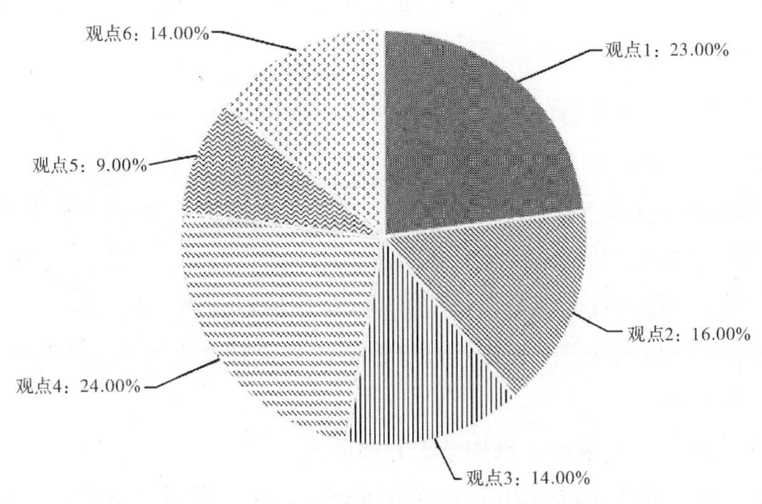

图 7-11　“废旧手机回收问题”用户观点比例示意图

观点 1：废旧手机中含有大量有毒物质、随意丢弃将严重污染环境。持有该观点的人数占总人数的 23.00%。

观点 2：废旧手机如果处理不正确，将严重危害人的身体健康。持有该观点的人数占总人数的 16.00%。

观点 3：废旧手机中的部分物质可做回收再利用。持有该观点的人数占总人数的 14.00%。

观点 4：垃圾分类可以有效提高回收利用率。持有该观点的人数占总人数的 24.00%。

观点 5：处理废旧手机时需采取科学有效的方法，降低对环境的破坏程度。持有该观点的人数占总人数的 9.00%。

观点 6：相关部门应采取以旧换新的补贴政策回收手机。持有该观点的人数占总人数的 14.00%。

综上，讨论最热门的是观点 4，持有该观点的人数占总人数的 24.00%，这些用户站在保护环境和节约资源的高度上提出将垃圾分类，做到物尽其用，节约资源；另外，约 23.00%的网络用户持有观点 1，认为废旧手机中含有大量有毒物质，如果随意丢弃将造成严重的环境污染；同时，随意丢弃的废旧手机对人体的影响也是很多网络用户所关注的，持有这一观点的用户占到了 16.00%，这也反映了大多数群众认识到了随意丢弃废旧手机的危害性。这些观点表明人们已经认识到这类事件的严重性，同时提出了一些建设性的意见，希望政府和民众共同努力来解决此类环境问题。因此。本节着重对这些观点进行研究与分析。

2. 观点分类

通过分析网民发表的评论内容，并统计分析相关观点和讨论所涉及的热点词汇和重要领域，通过针对文本的分词、去噪、清洗、过滤等操作，聚合出关于"废旧手机对环境的影响"专题发展演化的 8 个关键特征词汇，分别是：污染、危害、健康、回收、利用、科学、补贴。

根据观点涉及的特征词汇和观点所涉及的领域以及网民发表的各个观点内容本身之间存在的相关性、差异性，可以将上述 6 个观点进行进一步聚类分析后，形成以下两大类：

1）分类观点一：废旧手机随意丢弃的危害

此分类观点包含了以下几个关键特征词：污染、危害、健康，对应的观点包括：

观点 1：废旧手机中含有大量有毒物质、随意丢弃将严重污染环境。

观点 2：废旧手机如果处理不正确，将严重危害人的身体健康。

2）分类观点二：处理废旧手机的措施

此分类观点包含了以下几个关键特征词：回收、利用、科学、补贴，对应的观点包括：

观点 3：废旧手机中的部分物质可做回收再利用。

观点 4：垃圾分类可以有效提高回收利用率。

观点 5：处理废旧手机时需采取科学有效的方法，降低对环境的破坏程度。

观点 6：相关部门应采取以旧换新的补贴政策回收手机。

上述分类观点的用户分布比例如图 7-12 所示。

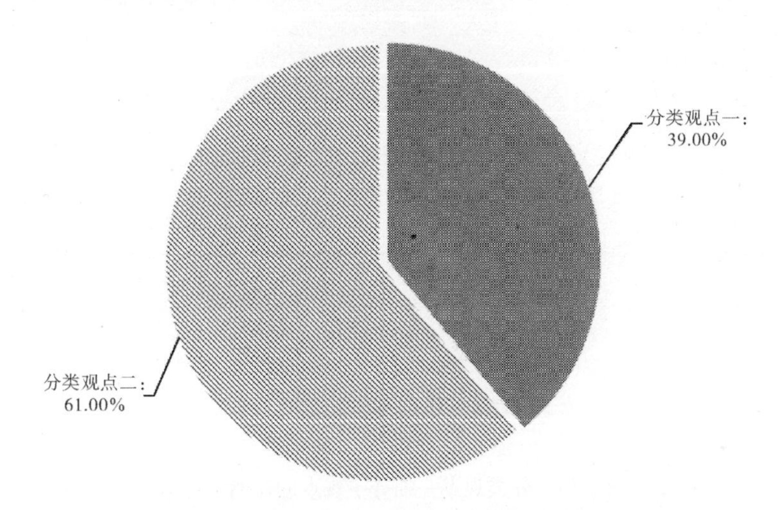

图 7-12　“废旧手机回收问题”主题观点分类比例图

从图 7-12 中可知，在参与“废旧手机与环境影响”讨论中，61.00％的网民提出的观点绝大多数集中在处理废旧手机的措施方面，包括利用政策手段以旧换新、垃圾分类、物质回收以及相关技术的创新等方面，由此可见网民对处理废旧手机的问题非常关注，并提出了一些代表性的意见和建议。

其次，约 39.00％的网民关注的一大重点是随意丢弃废旧手机的危害。特别是手机存在大量的重金属以及在燃烧中产生大量有害气体，这对我们赖以生存的环境带来污染的同时，对我们自身的健康也带来危害，针对我国类型工业废旧物品所产生的环境问题，通过深入追踪造成环境破坏的根源将有利于更好地对环境进行有效的治理。下面对这两个分类的主题进一步进行数据的处理与分析。

3. 主要观点分类详细分析

为了更好地对相应的观点分类进行深入的分析，本节对每一个分类观点内的网络用户分布以及网络民意进行了二次分类处理，希望通过网络用户的真实反馈信息来反映他们对这些问题的具体思考与建议：

1）分类观点一：废旧手机随意丢弃的危害

在进一步的数据分析与研究中，对网民针对“废旧手机随意丢弃的危害”这一分类主题内的深入观点进行梳理与分析，其中在本分类观点中还存在 2 个细分的子观点，用户持有这些细分子观点的比例如图 7-13 所示。

用户所持有的这些细分子观点如下：

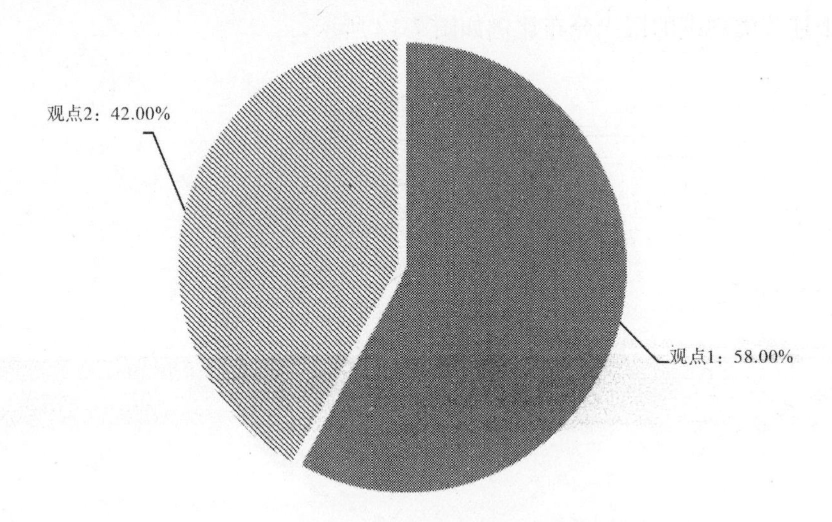

图 7-13 分类观点一细分子观点的比例示意图

观点 1：58.00%的网民认为废旧手机中含有大量有毒物质、随意丢弃将严重污染环境，特别是一旦废旧手机中的有毒物质进入土壤或水源中，将引起巨大的危害。如网民“张万会”所说：

“一块手机电池中的铅、汞、镉等化学物质流失进入土壤会污染环境，其污染量相当于 100 块普通干电池，可严重污染约 6 万升水。”

观点 2：42.00%的网民认为废旧手机如果处理不正确，将严重危害人的身体健康，正如上个观点所说，一块手机电池可严重污染 6 万升水，如果有人饮入被污染的水，将会引起严重的问题。如网民“李燕茹 ABC”进一步说道：

“如果人类食用被手机电池污染过的水和食物，可导致骨痛病，严重时可形成自然骨折，以致死亡。”

2）分类观点二：处理废旧手机的措施

在本分类观点的进一步数据分析与研究中，该分类观点下还存在着 4 个主要的细分子观点，用户持有这些细分子观点的比例如图 7-14 所示。

这些细分子观点所反映的内容如下：

观点 1：23.00％的网民认为废旧手机中的部分物质可做回收再利用。手机的配件里面含有镍、钴、铜、铝等有色金属，如果未经处理直接扔掉，对资源也是很大浪费。因此，回收再利用将会降低大量的资源浪费。

观点 2：40.00％的网民认为垃圾分类可以有效提高回收利用率。网民站在整体环境治理的高度上提出垃圾分类的观点，不仅能够有效地将资源再利用，还能减少不必要的污染，达到一箭双雕的效果。

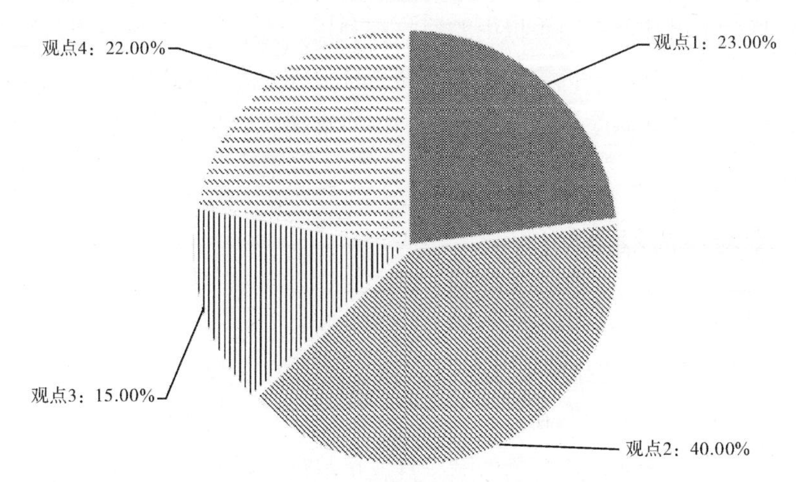

图 7-14　分类观点二细分子观点的比例示意图

观点 3：15.00％的网民认为处理废旧手机时需采取科学有效的方法，降低对环境的破坏程度。随着我国对环境问题的改革投入增加，科学化解环境问题将是未来的趋势，利用科学的力量来治理环境将会事半功倍。

观点 4：22.00％的网民认为，相关部门应采取以旧换新的补贴政策回收手机。如网民“lkmd”所说：

“我们生活中废旧手机、废旧手机电池的问题有很多！曾剑秋曾提出，以旧换新可以采取补贴把手机回收掉，让相关部门来处理，这样做最大的作用就是可以减少更多的污染，真正是百利而无一害的事情，不要把问题留给下一代解决！确实，我们人类存在的本身就是造福于人类，造福于子孙后代！手机污染现还处于初级阶段，现在搞手机回收还是可行的，倘若我们置之不理，等到我们的子孙后代再去搞手机回收的措施，到那时，真是为时已晚！所以，让我们重视起来！保护环境，做好手机回收！”

4. 观点总结

以旧手机为代表的工业废旧物品对于环境以及人类的影响是目前讨论的一个重要话题。由于旧手机中存在着大量的重金属，如果不采用更加科学的废物处理技术，可能会产生大量的有毒有害物质，在污染环境的同时，对我们的身体也会带来较大的副作用；同时，网民在讨论过程中，还针对旧手机的处理方式提供了一些建议，例如在第二个子观点的讨论中，22.00%的网民认为可以通过建立国内统一的标准以及监管机制，提供对旧手机二次利用以及以旧换新的政策支持，而40.00%的网民建议建立并执行好垃圾分类管理；同时，23.00%的网民认为可以利用科技手段加强对旧手机中的回收和利用。随着科学技术的发展以及人类生活水平的提高，废旧手机等工业废旧物品将会成为人类的负担之一，提前进行预防由此可能带来的风险，建立专业的手机回收制度以及处理机构或许会是未来的趋势之一。

7.4.3 专题传播趋势

1. 影响力

利用2013年一年的数据来分析研究该专题内的热点事件随着时间的演化过程。其中，网民“skoi123”在5月21日发表了名为“保护环境-处理好旧手机”的帖子并开始引发关注。该专题的响应日流量数据可以从一个侧面清晰地看出这一专题的演化过程，如图7-15所示。

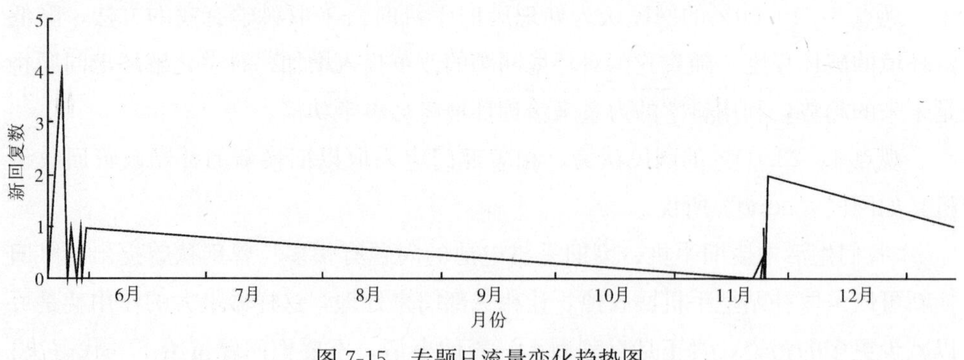

图7-15 专题日流量变化趋势图

从5月开始受到关注后，增长趋势平稳，该事件所包含的用户参与的总流量趋势如图7-16所示。

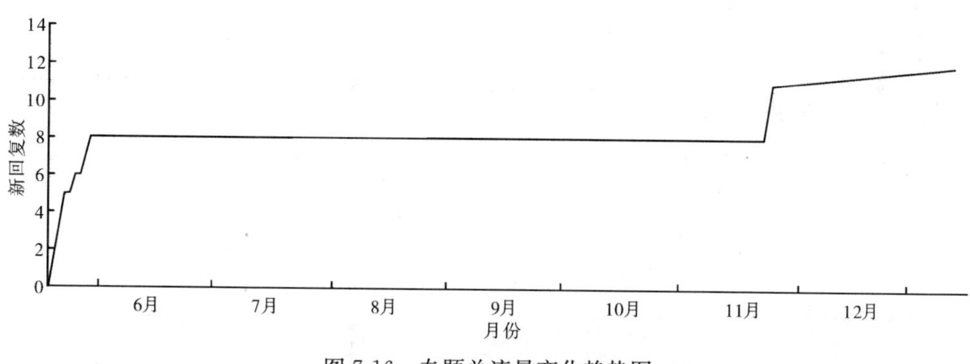

图 7-16　专题总流量变化趋势图

2. 传播情感分析

利用 Hownet 建立的一个有效的中文情感词库，通过对该专题内所有的帖子以及回复留言的内容进行分词与情感语义的处理之后，发现网民对“旧手机对环境的影响”的讨论过程中起初是正向情感，一直到 5 月下旬新帖的出现使得网民的情感倾向转为负情感，这也是反映出人们针对旧手机可能对环境以及自身所产生的负面作用的担心，整个专题的情感变化（拐点）如图 7-17 所示。

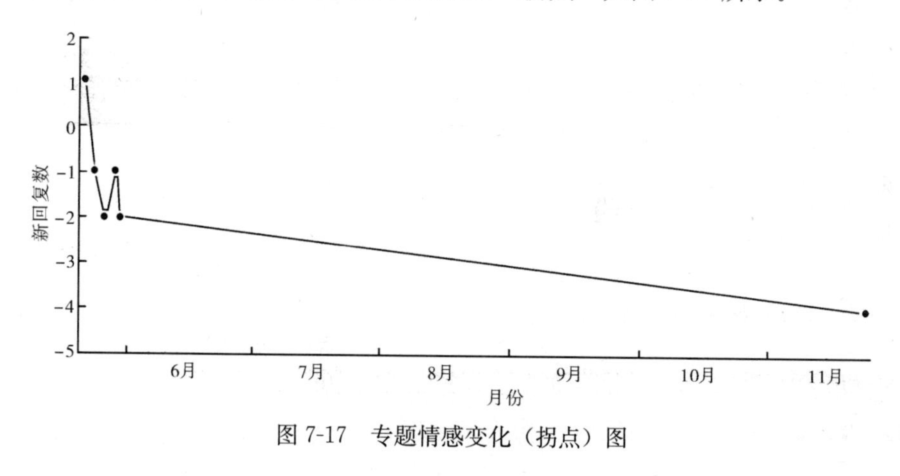

图 7-17　专题情感变化（拐点）图

7.5　生态领域发布者分析

在抓取网络中的信息与数据过程中，通过建立基于用户的“轮廓”模型，可以有效地分析和度量在整个生态领域改革中所有专题下的舆情动态以及舆情的发布者、参与者以及受到传播过程中影响的用户之间存在的联系。特别是通过对引起网络舆情发布者的关注度分析，可以有效地监测出在生态领域内，网络舆情传播与演化过程中具有影响力的意见领袖以及通过他们对社会舆情的传播所产生影响作用。本节采用发布者影响力和活跃度两个简化指标来作为度量发布者的指标。

7.5.1 发布者影响力分析

利用获取的2013年与生态领域相关的内容数据来展开分析，其中，参与生态领域讨论的网络用户其影响力分析具体数据如表7-3所示。

表7-3 发布者影响力数据表

发布者	发帖数	浏览次数	回帖数	粉丝数	影响力
绿色行者叶榄	20	1 549	243	4 322	1
车前子666	28	11 519	194	18	1
redbaby333ABC	13	850	78	19	0.999 999 484
lextar	11	362	30	15	0.999 996 121
为了你而发帖	6	195	18	66	0.999 923 611
xlida8520	8	511	13	20	0.999 922 813
润和天泽K	7	244	13	24	0.999 791 664
碧风在望	9	300	25	7	0.999 737 296
expert _ li	24	974	43	6	0.999 363 295
临澜环保公社	5	474	34	83	0.998 475 374

表7-3显示了在生态建设领域，影响力指标排在前10位的网民，且影响力指数的计算同2.1.2。其中，发布者“绿色行者叶榄”和“车前子666”影响力最大，通过归一化计算其影响力指标几乎趋近于1，可将其看作“意见领袖”，其余9位的影响力也在0.998之上，说明他们在论坛中的影响力也颇高。

7.5.2 发布者活跃度分析

活跃度指标也是对舆情传播进行分析的关键性指标，它可以通过发布者的发帖数以及发布者本人参与的其他相关帖子的回复数来度量的，详细的计算参见2.1.2。利用获取的2013年全年所有与生态相关的内容数据来展开分析，参与生态领域讨论的网络用户其活跃度分析具体数据如表7-4所示。

表7-4 发布者活跃度数据表

用 户	回帖数	发帖数	活跃度
浅蓝叶长城	940	5	1
车前子666	680	28	0.758 594 649
绿色行者叶榄	105	33	0.134 819 981
redbaby333ABC	64	21	0.082 807 153
青木子争	69	3	0.075 280 525

续表

用　户	回帖数	发帖数	活跃度
卓颖永悦	67	1	0.071 735 238
mzhd986	57	2	0.061 847 442
最真实的人	28	24	0.046 783 536
greesky2013	38	1	0.040 994 098
丿空	32	2	0.035 346 463

在生态领域发布者活跃度指标排在前10名的用户如表7-4所示，这表明这些用户在论坛中比较积极活跃，网络参与度较高，但是除了前2位用户外，其他网民的活跃度指标均小于0.15，这也表明在生态领域中的用户活跃度普遍较低，即网民对生态领域的总体关注度较低。另外，在影响力和活跃度前10名的用户中，“车前子666”影响力和活跃度均排在第二位，属于活跃型意见领袖，从而可以进一步针对该用户的网络操作行为进行深入的研究与分析。

7.6 本章小结

本章主要针对2013年度环境保护领域中存在的网络热点问题进行舆情分析，其中，从雾霾问题到废旧手机对环境的影响这两个热点问题进行分析的过程中发现，由于环境的不断恶化，环境问题已逐渐转化为了一个重要的“民生”问题，老百姓对改善环境与加强环境保护的期望与意识越来越高，希望政府能够充分认识这一个趋势，加快环境治理的步伐。

“建设生态文明”也是十八届三中全会指出的重点建设目标，它贯穿于经济建设、政治建设、文化建设、社会建设的全过程，它通过一个系统工程的建设反映出一个社会的文明进步状态，它关系到人民福祉、关乎民族未来的长远大计。因此，面对资源约束趋紧、环境污染严重、生态系统退化的严峻形势，需要把加快生态文明制度建设作为当前亟待解决的重大问题和全面深化改革的主要任务。

“建设生态文明”必须建立系统完整的生态文明制度体系，对可能形成的环境污染的问题（如废旧手机的回收处理问题）进行提前预防，同时加快建立一系列环境保障制度，如源头保护制度、损害赔偿制度、责任追究制度、完善环境治理和生态修复制度等，实现利用制度来针对环境污染问题（如雾霾问题）进行管理与控制，这或许是解决损害群众健康的突出环境问题，并实现生态环境保护目标的有力措施。

第 8 章　军事体制改革领域的相关舆情分析

改革开放以来，我国的社会进步与发展步伐加快，国际地位迅速提升，中国开始走向世界，并参与越来越多的国际事务，这无疑涉及两个方面的要求：一是国家利益的拓展，必然要求相应的维护利益的军事力量；另一个是作为世界大国，需要承担更多国际义务，其中包括维和、护航、反恐等军事义务。特别是以新技术革命为先导的世界军事变革以及国际情况发生了巨大的变化，国家面临的安全形势也越来越严峻，为了更好地保持改革开放以来我国的建设成果，并保证进一步深化改革过程中维护国内的安定团结的环境与氛围，实现保卫国家领土完整并实现国家统一，保障日益扩大的海外利益，建设一支强大的军队对于我国的长治久安具有极其重要的意义。

国防和军队建设是国家经济建设与人民生活的安全屏障，中国人民解放军有着光荣的传统和辉煌的战绩，在新的时代也迫切地需要适应新环境来执行新的历史使命。实现强军目标必须消除制约发展的突出矛盾和问题，作出体制制度上的安排，以保证建设起富有中国特色的现代军事力量体系。更高的实际要求迫使军事力量提升。如何提升军事力量？增加国防投入，也就是提升硬实力至关重要，但体制制度、政策制度这些软实力同样不可或缺，这就形成了军事体制改革的必然动力。

目前，着力解决制约国防和军队建设发展的突出矛盾和问题成为目前军事改革的关键，根据军事技术变革的发展趋势，要不断地深化军队体制编制调整改革，优化军队规模结构。调整改善军兵种比例、官兵比例、部队与机关比例，减少非战斗机构和人员。其次，强化实战意识与危机意识，加快新型作战力量建设，依据不同安全需求和作战任务来改革部队编制。第三，推动军民融合深度发展，加强信息化建设集中统管，推进军队政策制度调整以及联合作战训练和保障体制的改革。只有将强军与富国统一起来，国家富强和人民富裕的中国梦才能真正实现。

因此，围绕着十八届三中全会提出的军事体制改革的目标，本章从天涯论坛中选取了军事领域中发生的热点专题进行深入的总结和分析，从而了解网民们在军事方面的舆情。

8.1　军事领域热点专题分析

根据 2013 年 1 月～2014 年 1 月天涯论坛中的实际数据，针对军事领域改革热点专题的相关舆情热度的波动进行统计分析，其中热点专题舆情热度变化趋势如图 8-1 所示。

由图 8-1 可知，2013 年 1 月 1 日到 2013 年 12 月期间，网民对军事领域的关注度一直是比较平稳的状态。十八届三中全会召开引起的波动也没有明显的变化，说明在天涯论坛中进行交流与讨论的网民对军事领域问题的关注度较为稳定。

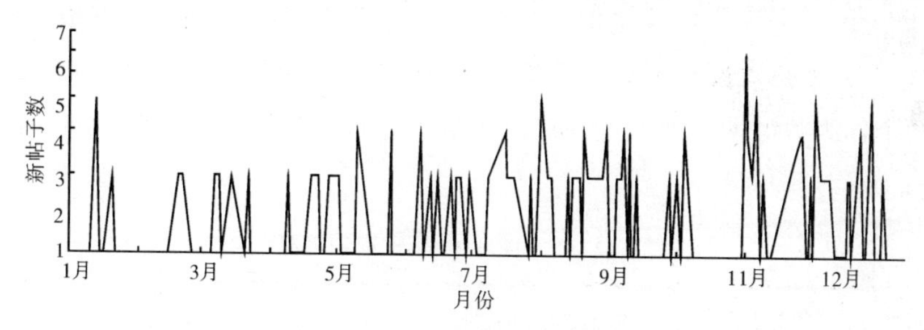

图 8-1　热点专题舆情热度变化图

表 8-1　军事领域相关的十大热点专题

热点专题	发布时间	热度	参与度	负面指数	受众影响力
必须重塑日本对中国的敬畏	2013-12-25	1	0.974	0.162	0.312
范长龙：坚决抵制军队国家化	2013-08-01	0.974	1	0.253	0.081
P40 鲨鱼战机或将重见天日	2013-08-20	0.699	0.863	0.492	0.154
说良心话，中国应该感谢朝鲜	2013-12-28	0.648	0.675	0.100	0.245
马列主义的未来	2013-10-31	0.612	0.621	0.274	0.129
要给美日划核红线	2013-01-20	0.585	0.565	0.050	0.025
中国两招让美国彻底受不了	2013-12-24	0.580	0.713	0.223	0.372
中国军备研发的致命缺点	2013-09-25	0.577	0.913	0.288	0.096
中国还在犹豫、俄罗斯已经说话了	2013-06-15	0.574	0.852	0.333	0.067
中国新卫星复杂变轨令西方吃惊	2013-09-12	0.573	0.467	0.138	0.390

表 8-1 显示了论坛中有关军事领域改革中的十大热点专题，其中军事方面的热点专题中有关军民融合深度发展、军队体制编制调整改革、军队政策制度调整改革得到大家较高的关注。同时，根据本书的指标体系定义，对上述热点专题进行热度以及参与度的计算，并从计算结果以及对这些问题的分类来看，民众关注的主要是

军民融合深度发展问题以及钓鱼岛事件触发的中日关系。综上所述，本章以钓鱼岛事件为研究对象，针对触发中日关系影响较大的专题进行深入的舆情分析。

8.2 军事领域热点词分析

军事领域的发展与改革是我国现代化步伐中最重要的一步，建设巩固的国防和强大的军队，坚决维护国家主权、安全、领土完整，保障国家和平发展我们一贯的宗旨。在政府工作报告中强调了军队建设的重要性，同时在十八届三中全会中提出了深化军队体制改革的思想，都体现了党在新形势下为实现中国军队强军目标所做出的努力。本章将之前召开的两次会议（2013 年政府工作报告和十八届三中全会）的热点词和词频进行了统计分析，其中统计出现次数（词频）较高的前 20 个作为关键词，针对这些热点词的分布进行分析，其中热点词以及词频如表 8-2 所示。

表 8-2 二次报告的热点词和词频

政府工作报告		十八届三中全会	
热点词	词频	热点词	词频
军队	4	军队	4
建设	3	军事	4
国防	3	发展	3
国家	2	调整	2
现代化	2	建设	2
军事	2	改革	2
领土	1	战略	2
和平	1	形势	1
完整	1	指挥	1
安全	1	融合	1
任务	1	党	1
变革	1	深度	1
能力	1	方针	1
成就	1	编制	1
革命化	1	强军	1
发展	1	体制	1
使命	1	军民	1
特色	1	制度	1
主权	1	制约	1
斗争	1	问题	1

从表 8-2 可知，在两次报告的热点词统计中，“军队”一词出现率最高，说明军队建设和改革的重要意义。同时，在十八届三中全会中提出了两个新词，分别是“军民”和“融合”，体现了党和国家军民共促的战略思想，推动军民融合深化发展将为实现强军目标画上浓墨重彩的一笔。报告中也提出了“主权”、“斗争”等词，表明了党和国家坚决维护国家主权和领土完整的决心。

8.3　专题 1：钓鱼岛事件触发的中日关系

中国和日本是一衣带水的邻邦，中日关系是国际政治领域中重要而又敏感的议题之一。进入新世纪以来，由于两国社会制度、发展水平、地缘政治迥异，两国之间存在的“安全困境”，使得中日两国之间的关系愈发错综复杂：一方面两国各领域间的合作和交流不断深入；另一方面，两国面临着历史、地缘政治、地区格局、能源、国内民族主义、领土争端等诸多问题，遏制、破坏两国关系的一些敏感问题也不断浮出水面，给两国正常的合作带来了负面影响。其中在能源市场上的竞争加剧，民族主义的膨胀，历史问题的“记忆”和现实政策矛盾，这一系列非连续性的政策背后的所受到的各种情感因素影响，造成了两国之间的矛盾与冲突，而钓鱼岛事件的发生，使局势变得更加紧张。

正如学者指出，钓鱼岛问题正在发生激化和质变（蒋立峰，2010）。所谓激化，是指日本近年加强了对钓鱼岛的实际控制和警戒力度。所谓质变，是指过去若干年，虽然钓鱼岛争议始终含有战略博弈成分，但其性质基本上属于中日两国的主权争议。但近年，这一问题则逐渐演变成中国崛起背景下中美日三国在东亚地区的战略博弈的一环。钓鱼岛问题的激化和质变对有着历史积怨、关系极其复杂的中日两国来说可谓旧恨未消，又添新怨。如何处理好两国涉及核心利益的议题，不仅对于两国未来的走向，以及对维护东亚地区的和平与稳定有着重要的意义。

目前，钓鱼岛事件触发的中日关系趋向紧张，并引起了国内民众的高度关注。下面从天涯论坛中选取了一些有关钓鱼岛引发的中日关系以及军事领域方面的热点专题的帖子进行深入的总结和分析，从而了解相关领域的舆情，一方面可以有效地引导与控制民意，避免一些不必要的一些事件的发生，另一方面，也可以根据民意来不断地调整与优化相应的战略决策。

8.3.1　专题发展趋势

本书从获取的 2013 年 1 月～2014 年 1 月天涯论坛中针对“钓鱼岛事件触

发的中日关系”这一专题相关的数据进行分析，并且从该专题下抽取出具有较多网民参与且有着迅速增长趋势的帖子，这些帖子在 2013 年度的趋势如图 8-2 所示。

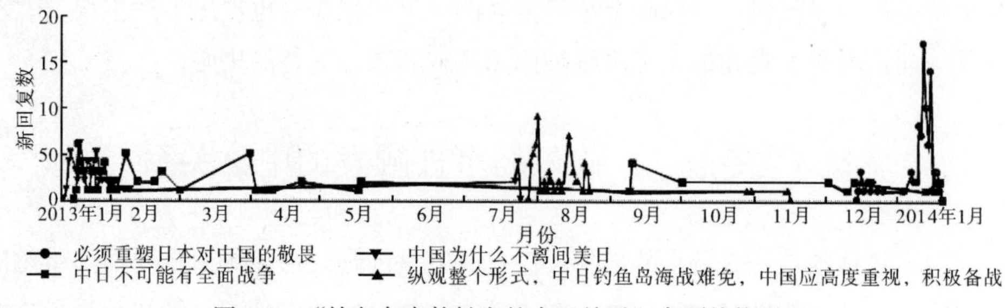

图 8-2　“钓鱼岛事件触发的中日关系”专题趋势图

从图 8-2 可知，2013 年 1 月 12 日，网民“卢营客栈”在天涯论坛发表了一篇名为“中国为什么不离间美日”的帖子，该帖一经发表就引起了网民的讨论。随后网民不断地发表了一些相关的帖子，例如“中日不可能有全面战争”、“纵观整个形势，中日钓鱼岛海战难免，中国应高度重视，积极备战”以及“必须重塑日本对中国的敬畏”等一系列帖子，不断引起了网民的关注与讨论。我们将这些帖子作为一个舆情热点案例，对该专题的网络结构特征和信息传播特征进行深入分析。下面对“钓鱼岛事件触发的中日关系”的观点进行分析。

8.3.2　观点分类与观点列表

1. 专题主要观点挖掘列表

根据上述的网络数据信息，分析此专题中网民在帖子中发表的全部言论，并参考十八届三中全会报告中涉及的热点话题以及相关的观点挖掘与倾向进行语义的处理，经过文本清洗、语义分析、观点聚类这三个步骤，提取到的观点主要可以分为 7 个，各个观点占整个用户分布的比例数据如图 8-3 所示。

图 8-3 中，相应的观点分别为：

观点 1：钓鱼岛事件触发的中日关系越来越恶化，中日必有一战。持有该观点的人数占总人数的 16.00%。

观点 2：中日间政冷经热。持有该观点的人数占总人数的 7.00%。

观点 3：中国外交上过于软弱。持有该观点的人数占总人数的 18.00%。

观点 4：日本政府歪曲历史、不思悔改的强硬态度让钓鱼岛事件触发的中日关系陷于动荡不安中。持有该观点的人数占总人数的 27.00%。

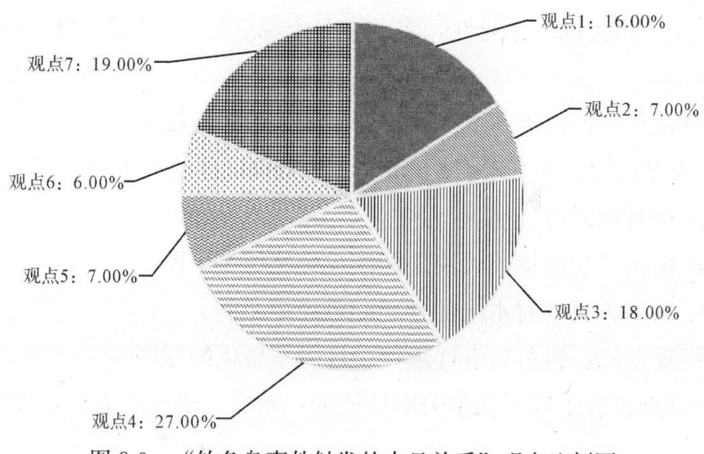

图 8-3　“钓鱼岛事件触发的中日关系”观点比例图

观点 5：两国人民产生摩擦，友好感情度下降。持有该观点的人数占总人数的 7.00%。

观点 6：两国人民都对本国的外交政策产生不满。持有该观点的人数占总人数的 6.00%。

观点 7：中国外交上应采取更为坚决的态度。持有该观点的人数占总人数的 19.00%。

综上可知，27.00%的网民持有观点 4，即认为日本政府歪曲历史、不思悔改的强硬态度让钓鱼岛事件触发的中日关系陷于动荡不安，日本政府的行为已经屡次逼近中国政府的底限；18.00%的用户认为中国在对日外交上过于软弱（观点 3)；19.00%的网络用户持有观点 7，即认为中国外交上应采取更为坚决的态度。特别是在网络中存在一种十分值得关注的舆论倾向认为：钓鱼岛事件触发的中日关系越来越恶化，中日必有一战，而持有这一观点（观点 1）的用户占到了 16.00%，这些网民认为日本政府的行为将触及到中国主权和国家利益，最终导致两国间的战争。此外，还存在着一些其他不同的观点，而这一些观点的存在表明人们对这些问题的关注与思考，应该着重对这些网络观点进行研究与分析。

2. 观点分类

通过分析网民发表的评论内容，并统计分析相关观点和讨论所涉及的热点词汇和重要领域，再通过对相关文本的分词、去噪、清洗、过滤等步骤，初步聚合出“钓鱼岛事件触发的中日关系”专题的发展演化的 12 个关键特征词，分别是：恶化、经济、军事、政治、软弱、历史、人民、摩擦、不满和强硬。

根据涉及的关键特征词汇和观点所涉及的领域以及网民发表的各个观点内容

本身之间存在的相关性、差异性，将上述 7 个观点进一步聚类分析后，可以形成以下三大类：

1）分类观点一：钓鱼岛事件触发的中日关系的现状

此分类观点包含了以下几个关键特征词：经济、恶化、不满，对应的观点有：

观点 2：中日间政冷经热。

观点 5：两国产生摩擦，人民之间的友好感情度下降。

观点 6：两国人民都对本国的外交政策产生不满。

2）分类观点二：钓鱼岛事件触发中日关系恶化的原因

此分类观点包含了以下几个关键特征词：软弱、历史、人民、摩擦，对应的观点有：

观点 3：中国外交上过于软弱。

观点 4：日本政府歪曲历史、不思悔改的强硬态度让钓鱼岛事件触发的中日关系陷于动荡不安中。

3）分类观点三：可能的后果和中国应采取的措施

此分类观点包含了以下几个关键特征词：政治、军事、强硬，对应的观点有：

观点 1：钓鱼岛事件触发的中日关系越来越恶化，中日必有一战。

观点 7：中国外交上应采取更为坚决的态度。

上述分类观点的用户分布比例如图 8-4 所示。

从图 8-4 可知，在参与“钓鱼岛事件触发的中日关系”讨论的网民中，提出的观点大多数集中在关于导致钓鱼岛事件触发的中日关系恶化的原因的讨论上，网民还纷纷针对钓鱼岛事件触发的中日关系的现状以及中国应该采取什么措施提出了看法和建议，这表明了网民对国家外交关系尤其是中日关系的关注。

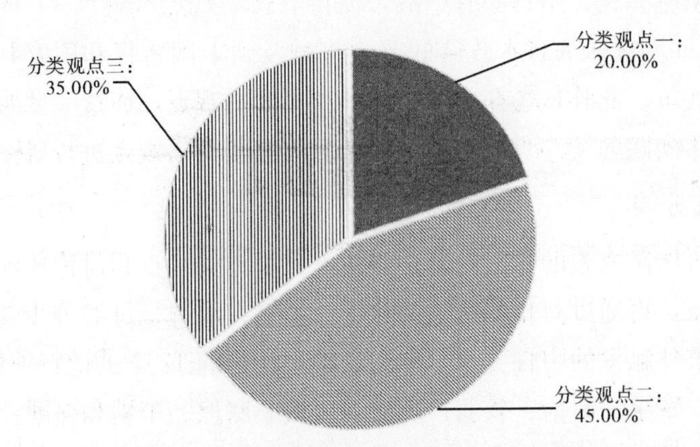

图 8-4 “中日问题”主题观点分类比例图

3. 主要观点分类详细分析

为了更好地对相应的观点分类进行深入的分析，本节对每一个分类观点内的网络用户分布以及网络民意进行了二次分类处理，希望通过网络用户的真实反馈信息来反映他们对这些问题的思考与建议：

1）分类观点一：钓鱼岛事件触发的中日关系现状

在进一步的数据分析与研究中，针对网民关于“钓鱼岛事件触发的中日关系现状”主题内的观点进行深入梳理与分析，其中在本分类观点中还存在 3 个细分的子观点，用户所持有的这些细分子观点比例数据如图 8-5 所示。

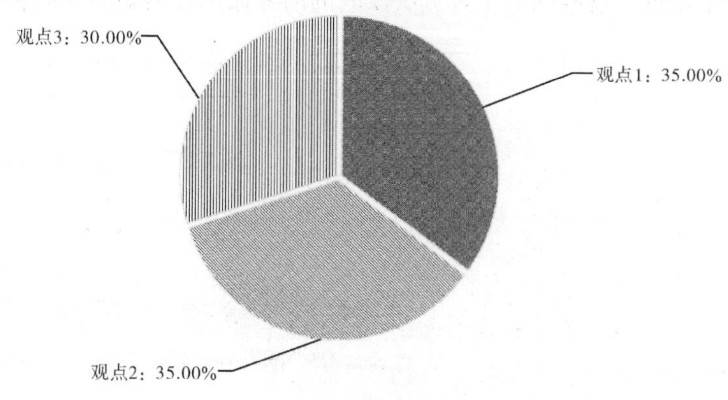

图 8-5　分类观点一细分子观点的比例示意图

观点 1：35.00％的网民认为现阶段钓鱼岛事件触发的中日关系处于政冷经热的状态。经济间的互相需要和合作交流使得中日间有着友好的经济往来，而中国崛起引得周边一些不安分分子眼红，再加上一系列的原因导致中日政治关系恶化。如网民“云儿 _ ln”所说：

“看一下对外出口，日本出口：家电、汽车、重型机械、电子元器件、光伏还有以前的纺织，将来的武器。中国出口：家电、电子元器件、光伏、纺织还有以后的重型机械、汽车、武器。看看日本从中国进口什么：原材料、不可再生资源、高污染化工品、低端消费品。所以中国不用担心日本人不买中国东西，就算中国和日本打起来日本还是照样从中国买这些东西。”

观点 2：35.00％的网民认为钓鱼岛事件使目前中日关系趋向紧张在于：两国政府产生摩擦，民间友好不断降温。正如网民“姿势就要高”所说：

“日本政府损害中国人的事件屡有发生，加上日本国内的误导宣传及少数右翼分子的鼓吹煽动，日本人对中国人也或多或少产生不良情绪，于是两国产生摩擦，人民之间的友好感情度下降。”

观点 3：30.00％的网民认为目前中日关系中，两国人民均对本国的外交政策产生不满情绪，这也不利于两国关系的正常化。正如网民“yaoxuhong”所说：

“当国内反日情绪日益高涨，对国家出于大局考虑而实行的对日外交政策产生不满。同理，日本人也会因此产生不满，这均不利于钓鱼岛事件触发的中日关系发展。”

2）分类观点二：钓鱼岛事件触发中日关系恶化的原因

在本分类观点的进一步数据分析与研究中，发现该分类观点下还存在着 2 个主要的细分子观点，这些细分子观点所反映的内容比例数据如图 8-6 所示。

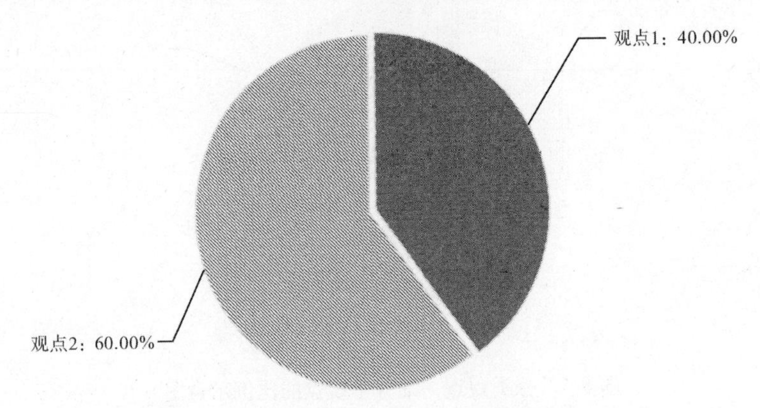

图 8-6　分类观点二细分子观点的比例示意图

观点 1：40.00％的网民认为导致钓鱼岛事件触发中日关系恶化的局面与中国对外态度不够强硬相关，如网民“疯狂解码”所说：

“中国一直都处于温和的对外态度，只是有的时候过于温和。一味的牺牲和忍让，导致现在一发不可收拾。”

观点 2：60.00％的网民认为导致钓鱼岛事件触发的中日关系恶化的根本原因在于日本政府歪曲历史、不思悔改的强硬态度让中日关系陷于动荡不安中。从篡改历史教科书事件到先后多位日本首相参拜靖国神社，再到之后的钓鱼岛事件，都引发了中国人民的极大反感，如网民“游来游去”所说：

“日本人一味的歪曲事实，真是太不要脸了。”

3）分类观点三：钓鱼岛事件中国应采取的措施与后果

在本分类观点的进一步数据分析与研究中，发现该分类观点下有 2 个主要的细分子观点，这些细分子观点所反映的内容比例数据如图 8-7 所示。

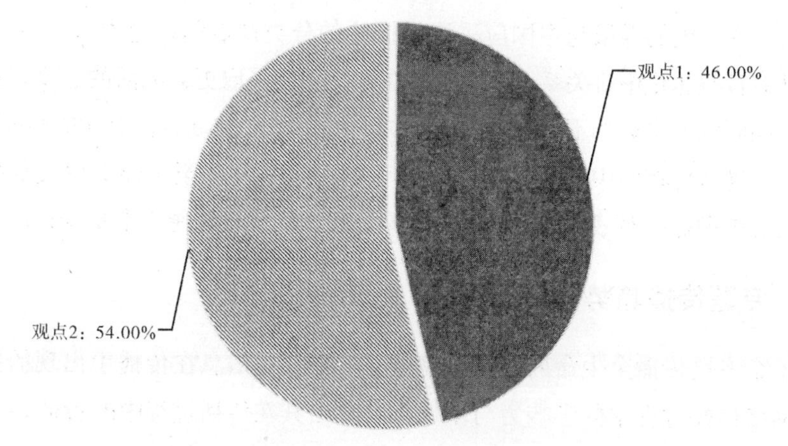

图 8-7　分类观点三细分子观点的比例示意图

观点 1：46.00%的网民认为现阶段钓鱼岛事件导致中日关系恶化，而且会越来越恶化，中日之间必有一战。如网民“毕开颖”所说：

“日本为了从笼子里面冲出来，一定还会不停地闹事，而美国一定会纵容和支持。冲突与否主动权在美日。因此那一天的到来不是可能不可能的问题，而是早晚的问题。”

观点 2：54.00%的网民都认为针对日益恶化的钓鱼岛事件触发的中日关系，中国外交上应采取更为灵活的策略，在不同领域、不同问题上灵活应对。如网民“独特的眼光”所说：

“要将主动权掌握在自己手中，不要一味的忍让，该强硬的地方就得强硬起来。”

4. 观点总结

在参与“钓鱼岛事件触发的中日关系”讨论的网民，主要针对中日关系的现状（20.00%）、中日关系恶化的原因（45.00%）以及可能的后果与中国应采取的措施（35.00%）等不同方面进行了深入的讨论。其中，网民在针对不同的分类子主题的讨论中也各抒己见。例如，在中日两国目前国家关系现状的分析讨论中，35.00%的参与本子分类观点的网民认为目前中日关系是政冷经热，35.00%的网民认为中日两国之间的摩擦，会直接影响到两国民间的好感度下降。而 30.00%的网民认为，两国民众对各自国家的外交政策的不满制约了中日关系的正常化发展。而对针钓鱼岛事件触发的中日关系恶化的原因的讨论中，60.00%参与本子分类观点讨论的网民认为主要原因在于日本政府歪曲历史、不思悔改的错误态度让中日关系陷于低谷。而 40.00%的网民认为中国对日态度过于软弱，导致日本越来越得寸进尺。在可能的后果与中国应采取的措施的分类观点的讨论中，54.00%的网民认为针对日益恶化中日关系，中国政府在外交上应采取更为灵活的态度，在不同领域、不同问题上采取的不同态度，并掌握对外关系的主动权。有46.00%的网友认为，钓鱼岛事件将使中日关系不断地恶化，中日之间甚至可能会爆发战争。因此，中国必须做好应对战争发生的准备，保证我国的主权与领土不受侵犯。

8.3.3 专题传播趋势

在整个专题传播全生命周期的研究过程中，专题信息在传播中出现的异常拐点以及网络传播过程中的影响力与流量，反映出其在传播过程中的特征。

1. 影响力

如图 8-8 所示，钓鱼岛事件触发的中日关系问题在整个 2013 年度都有着一定的关注度，并且在 2014 年 1 月的时候达到了峰值。分析该专题下的帖子可以看出，首先是网民“低调队长”在 2013 年 1 月 16 日发表的帖子“中日不可能有全面战争”引起了民众对中日问题讨论的第一次热潮；接着网民“良田人”在 2013 年 7 月 28 日发表的帖子“纵观整个形势，中日钓鱼岛海战难免，中国应高度重视，积极备战”引来了网民对钓鱼岛事件触发的中日关系讨论的新一轮高潮；之后网民“何虚此言”在 2013 年 11 月 8 日发表帖子“我们不希望再被欺负。同意和日本开战的进来留名”又带动了民众对钓鱼岛事件触发的中日关系的激烈讨论，而在 2014 年 1 月 10 日网民“中辽阜邱”发表帖子“战争，止于战争”使网民对中日关系的讨论达到了峰值。

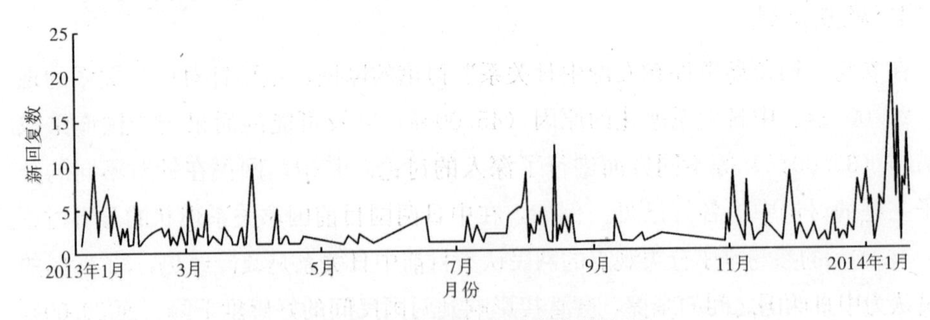

图 8-8 专题日流量变化趋势图

过滤掉一些重复无意义的回复内容后，针对钓鱼岛事件触发的中日关系问题的讨论中有意义的回复已达到 600 多条，从 1 月开始受到关注后，增长趋势平稳增加。该专题所包含的用户参与的总流量趋势如图 8-9 所示。

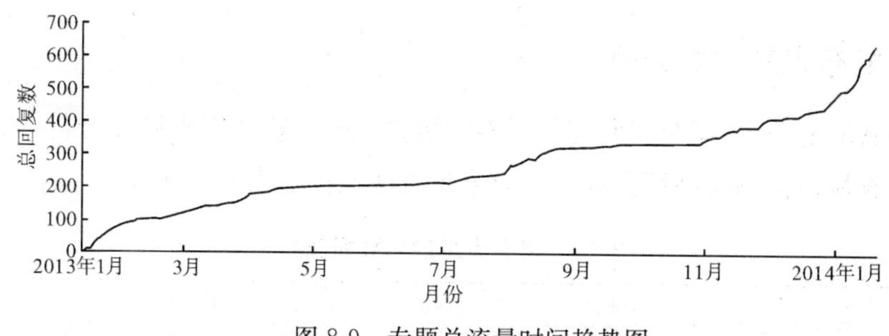

图 8-9　专题总流量时间趋势图

2. 传播情感分析

利用相应的中文情感词库，通过对该专题内所有的帖子以及回复留言的内容进行分词与情感语义的处理之后发现，网民对钓鱼岛事件触发的中日关系问题的讨论一直是负面情感居多，且随着讨论的深入进行，负面情感越来越多，如图 8-10 所示。这说明了网民对钓鱼岛事件触发的中日关系的发展趋势持有不乐观的倾向，因此，政府应该关注这方面的网络中反映出来的一些信息，并根据我国国情提出切实可行的应对措施，妥善处理好中日间关系，保证我国主权不受侵犯。

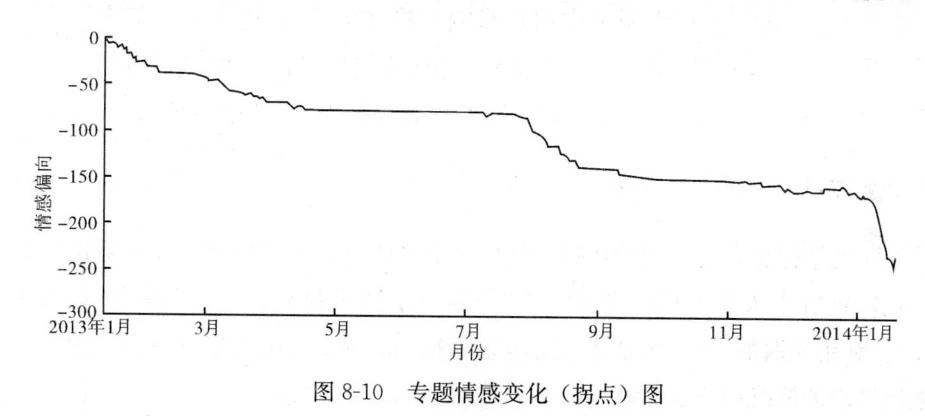

图 8-10　专题情感变化（拐点）图

8.4　军事领域发布者分析

在抓取网络中的信息与数据过程中，通过建立基于用户的“轮廓”模型，可以有效地分析和度量在整个军事领域改革中相关专题下的舆情动态以及舆情的发布者、参与者以及受到传播过程中影响的用户之间存在的联系。特别是通过对引起网络舆情发布者的关注度分析，可以有效地监测出网络舆情在传播与演化过程中具有影响力的意见领袖以及通过这一些意见领袖对社会舆情的传播所产生影响作用。本节采用发布者影响力和活跃度两个简化指标来作为度量发布者的指标。

8.4.1 发布者影响力分析

利用获取的2013年全年所有与军事领域相关的内容数据来展开分析，其中，参与军事领域讨论的网络用户其影响力分析具体数据如表8-3所示。

表8-3 发布者影响力数据表

发布者	发帖数	浏览次数	回帖数	粉丝数	影响力
任随忽悠	6	19 864	257	402	1
自由士2011	4	8 369	236	83	0.999 999 992
江湖之远CQ2012	4	5 838	198	25	0.999 999 973
春天的初蕾	1	4 789	27	52	0.999 792 461
西安黑发	1	2 859	31	17	0.999 636 183
zjyhao888	1	2281	20	151	0.999 436 733
枫林画报	1	1 554	25	14	0.999 392 246
时代尖兵	1	1 117	22	521	0.998 436 733
拿来出新	1	1 218	33	214	0.997 999 484
金_子_山	1	1 215	27	107	0.996 239 484

表8-3显示出了在军事领域中用户影响力排在前10位的用户。其中影响力指数的计算同2.1.2。发布者“任随忽悠”相对影响力为1，可将其看作“意见领袖”，其余9位的影响力也在0.996之上，说明他们在论坛中的影响力也颇高。

8.4.2 发布者活跃度分析

活跃度指标也是进行舆情传播分析的关键性指标，它可以通过发布者的发帖数以及发布者本人参与的其他相关帖子的回复数来度量的，详细的计算参见2.1.2。利用获取的2013年全年所有与军事相关的内容数据来展开分析，参与军事领域讨论的网络用户其活跃度分析具体数据如表8-4所示。

其中，“仰望巅峰”在网络中活跃度排在首位，参与了456次的帖子回复。

表8-4 发布者活跃度数据表

用户	回帖数	发帖数	活跃度
仰望巅峰	456	1	1
小狗乖乖123	271	4	0.599 311 584
我的布尔什维克	232	1	0.509 494 977
江湖之远CQ2012	184	4	0.404 386 825
卢营客栈	146	3	0.343 256 787
二月十肆	140	1	0.310 981 744
塞林格格剑苇	133	1	0.292 709 359

续表

用 户	回帖数	发帖数	活跃度
食神吴	130	1	0.286 140 098
904hd	113	1	0.263 063 477
张占芬	104	24	0.248 914 270

此外，在影响力和活跃度排名的前十名用户中，“江湖之远CQ2012”的影响力和活跃度均排在前十位，属于活跃型意见领袖，可以对其在网络中的影响和作用进行进一步的研究。

8.5 本章小结

经过三十多年的改革开放，我国的国际地位迅速提升，中国开始走向世界。在面向越来越多的国际事务挑战的同时，国际形势也在发生着深刻的变化，为了更好地保护改革开放以来我国的建设成果，保卫国家领土完整并实现国家统一，保障我国日益扩大的海外利益，建设一支强大的军队对于我国的长治久安具有极其重要的意义。而钓鱼岛事件所反映出的日本右翼军国主义势力的抬头，以及国际恐怖势力的影响，使我国面临的安全形势也越来越严峻，这就必须不断加强自身的军画能力和综合实力的建风，在捍卫国家主权和安全的同时，有效地维护世界的和平。

第 9 章　文化体制改革领域的相关舆情分析

文化是一种生产力，也是综合国力的重要组成部分。自从 2004 年党的十六届四中全会通过的《中共中央关于加强党的执政能力建设的决定》首次提出“深化文化体制改革，解放和发展文化生产力”这一重要命题后，为了更好地适应社会主义市场经济的要求，进一步革除制约文化发展的体制性障碍和发展文化生产力成为了人们的共识。

近年来，中国社会在经济成分和经济利益、社会生活方式、社会组织形式、就业岗位和就业形式上呈现出多样化。伴随着这些深刻复杂的社会变化，文化生长和发展的物质基础、体制环境、社会条件、传播手段等等也随之发生变化，文化工作的环境、任务、内容、形式、对象等等也随之发生变化。文化体制必须与经济体制和政治体制相适应。面对这些变化，现行文化体制表现出诸多“不适应”。受到传统文化体制的制约，我国的文化产业规模小、竞争力不强，文化服务贸易长期以来一直存在着巨大的逆差，这与我国作为经济大国和文化资源大国的地位很不相称，因此大力推动我国文化体制改革与文化产业的健康有序地发展已成为近十年来的国家战略。

十八届三中全会确定了文化建设是中国特色社会主义五位一体总体布局的重要内容，文化体制改革是我国全方位改革事业的重要组成部分。通过“建立多层文化产品和要素市场”，不断完善文化管理体制、现代文化市场体系以及现代公共文化服务体系，坚持把社会效益放在首位，实现社会效益和经济效益的统一，在社会主义核心价值观指导下来满足广大人民群众在不同层次上的文化精神需求，特别是在拥有五千年优秀历史文化传承的基础上，保留我国自身文化特色的同时，不断提高文化开放水平，不断借鉴与引入其他外来的优秀文化，促进我国社会主义文化事业的全面繁荣和文化产业快速发展，增强我国文化的总体实力，通过文化产业的体制创新与管理创新。使我国建设成一个社会主义“文化强国”。

下面从天涯论坛中选取了一些文化领域的热点专题的帖子进行深入的总结和分析，从而了解网民在文化领域的相关舆情。

9.1　文化领域热点专题分析

根据 2013 年 1 月～2014 年 1 月天涯论坛中的实际数据，针对文化领域改革热点专题的相关舆情热度的变化进行统计分析，其中热点专题舆情热度变化趋势如图 9-1 所示。

2013 年 1 月 1 日到 2014 年 1 月中旬期间，网民对文化领域的关注度呈平稳状态，每天新增帖子不超过 13 篇。在十八届三中全会召开前后 1 月的时间段内，网民对该领域的关注与发帖的数据略有增加。

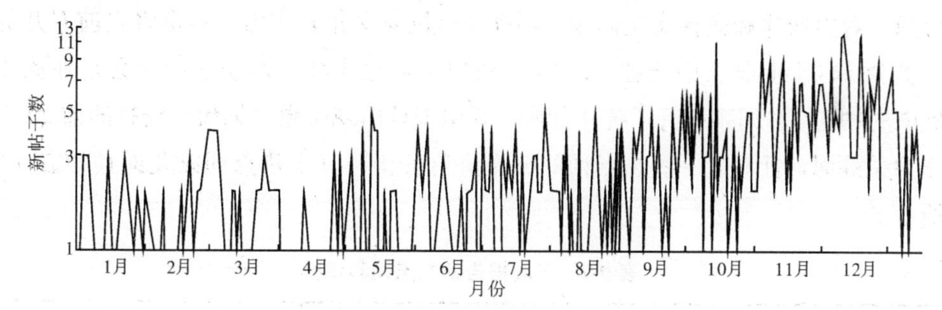

图 9-1　热点专题舆情热度变化图

表 9-1　文化领域相关的十大热点专题

热点专题	发布时间	热度	参与度	负面指数	受众影响力
中国文化与宗教、哲学、科学是完全对立的，完全格格不入	2013-10-04	1	1	0.157	0.295
和古社国学院的朋友一起学《论语》	2013-09-14	0.917	0.594	0.092	0.193
“启蒙”如何变成了神逻辑	2013-11-15	0.861	0.621	0.083	0.201
真正的戒律是什么	2013-11-03	0.847	0.678	0.105	0.087
谁说非物质文化的月饼就是最好的	2013-09-12	0.827	0.839	0.243	0.325
挺起中国人的脊梁	2013-11-19	0.792	0.927	0.416	0.506
自由与必然	2013-10-22	0.784	0.593	0.019	0.071
人类最先进的语言文化被中国教育界埋没了	2014-01-10	0.778	0.962	0.503	0.583
人性：善还是恶	2013-12-10	0.756	0.719	0.209	0.359
正本清源，重明中华民族的精神家园	2013-10-25	0.749	0.823	0.197	0.268

在此基础上，通过对所有相关数据进行聚类分析可知，文化方面的热点专题主要为文化的发展问题。同时，根据本书的指标体系，对上述热点专题进行热度以及参与度的计算，从计算结果以及对这些问题的分类来看，民众关注主要的仍

是文化的发展前景。综上所述，我们从文化发展问题这个角度对本领域的舆情进行分析。

9.2 文化领域热点词分析

文化是一个国家和民族的灵魂。好的文化，健康向上，积极正派，能带给人真善美的熏陶和无限高昂的前进动力。十七届三中全会是围绕农村来开展文化建设，繁荣发展农村文化。在2013年政府工作报告也强调了文化建设的重要性以及大力推广文化产业。在十八届三中全会中特别强调了建立社会主义文化强国的思想，着力构建和完善文化体制，不断增强国家文化软实力。本章将之前召开的三次会议（十七届三中全会、2013年政府工作报告和十八届三中全会）在该领域中的热点词和词频进行了统计分析，其中统计出现次数（词频）较高的前20个作为关键词，针对这一些热点词的分布进行分析，其中热点词以及词频如表9-2所示。

表9-2 三次报告的热点词和词频

十七届三中全会		政府工作报告		十八届三中全会	
热点词	词频	热点词	词频	热点词	词频
文化	16	文化	14	文化	9
农村	10	发展	6	坚持	3
农民	8	诚信	4	社会主义	3
社会主义	6	体系	4	体制	2
建设	4	事业	3	现代	2
开展	4	建设	3	体系	2
活动	3	社会	3	开放	1
服务	3	体育	3	国家	1
体系	3	产业	2	强国	1
发展	2	健身	2	中心	1
文明	2	改革	2	管理	1
思想	2	全民	2	发展	1
生活	2	公共	2	改革	1
团体	2	公益性	2	服务	1
机制	2	公德	1	特色	1
道德	2	城乡	1	水平	1
尊老爱幼	1	职业道德	1	道路	1
题材	1	责任	1	完善	1
信息资源	1	文学	1	市场	1
党员	1	群众	1	公共	1

从表 9-2 可知，在三次报告的热点词统计中，“体系”一词出现率最高，说明在过去的五年和未来的计划中，将大力构建和完善文化体系，为文化事业的更好更快发展做铺垫。同时，在两次三中全会中，“社会主义”一词的出现率较高，表明国家将继续坚持社会主义先进文化的前进方向，坚持中国特色社会主义文化的发展道路。另外“诚信”、“道德”等词的出现率也比较高，说明在文化建设的过程中，诚实守信和崇尚道德等美德是要大力弘扬和推广的。

9.3　专题 1：文化发展问题

经过三十多年的改革开放，中国经济的发展已取得了有目共睹的巨大成就，国家与社会也在发生着深刻而复杂的转型，文化发展的经济基础、体制环境、社会组织关系、传播技术手段等也都发生了深刻的变革，因此，文化的发展问题已成为了目前我国各领域内发展的瓶颈之一，甚至在一定条件下制约了政治、经济与社会的进一步发展。因此，迫切地需要发展文化生产力，促进文化发展与经济和社会的协调发展。

目前，我国文化产业规模仍然较小，现有统计数字显示，我国文化产业还处在一种低水平供求平衡和非对称结构性矛盾的状况之中。一方面，文化产业的独创性的人才缺乏，导致自主创新能力不强，使得大量的文化资产没有得到合理有效的挖掘与开发，文化资源无法有效地转化成产业效益；另一方面，文化产业蓬勃发展与现代居民家庭在文化领域的低消费之间还存在着不平衡，由于社会保障体系相对不完善，无法更加有效地通过居民文化消费来促进文化产业的发展。为了从网络中获得有关在国家文化发展战略中，广大网民对文化发展专题领域中的一些建设性的思考与建议，利用网民热烈讨论的“文化发展问题”的真实数据来对这一热点专题进行分析，希望可以通过研究来分析民意以及民意的来源。

9.3.1　专题发展趋势

本章从 2013 年 1 月～2014 年 1 月天涯论坛中获取的针对“文化发展问题”这一专题相关的数据进行分析，并且从该专题下抽取出具有较多网民参与且有着迅速增长趋势的帖子，这些帖子在 2013 年度的趋势如图 9-2 所示。

从图 9-2 可知，2013 年 2 月，网民“半山佑辉”在天涯论坛发表了一篇名为“谈谈中国文化”的帖子，该帖一经发表就引起了网民积极参与。随后网民不断地发表了一些相关的帖子，如“传统文化有传承的必要吗”、“中国文化与宗教、哲

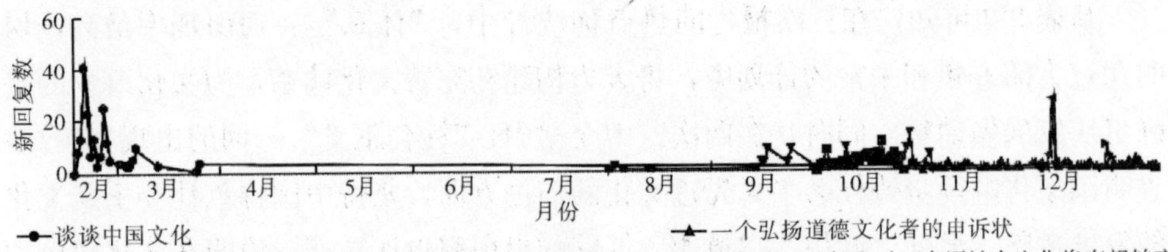

图 9-2　2013 年“文化发展”专题趋势图

学、科学是完全对立的，完全格格不入”、“大概在 2030 年以后，中国社会文化将有望转变”以及“共促中国文化发展”等一系列帖子，不断引起了网民的关注和参与讨论。将这些帖子作为一个舆情热点案例，对该热点专题的结构特征和传播特征进行深入分析。

此外，在这些帖子的专题传播过程中，有些网民针对所发表帖子的观点进行了回复，其中也不乏具有一些理性的观点，并引发了网民的关注和讨论，尽管新观点基本还是发帖者的观点延伸，但也体现了网民们讨论问题的内聚性和聚焦性，下面对“文化发展问题”的观点进行分析。

9.3.2　观点分类与观点列表

通过上述的网络数据信息，针对网民在回复过程中的观点挖掘与倾向进行语义的处理，形成了本话题内的核心观点。

1. 专题主要观点挖掘列表

分析此专题中网民在帖子中发表的全部言论，参考十八届三中全会报告中涉及的热点词汇，经过文本清洗、语义分析、观点聚类这三个步骤，提取到的观点主要可以分为 5 个，且持有这 5 个观点的用户占整个用户分布的比例如图 9-3 所示。

图 9-3 中，相应的观点分别为：

观点 1：中国文化发展需要后起之秀的力量。持有该观点的人数占总人数的 19.22%。

观点 2：历史原因导致社会文化发展滞步。持有该观点的人数占总人数的 15.06%。

观点 3：文化需要海纳百川，不能故步自封。持有该观点的人数占总人数的 27.29%。

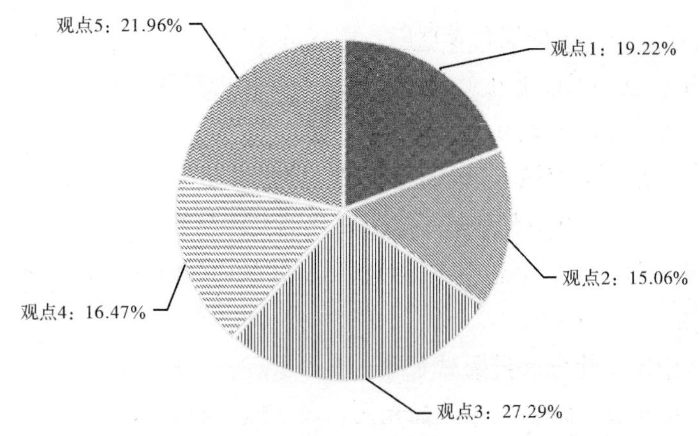

图 9-3　“文化发展”话题观点比例示意图

观点 4：中华文化应该发扬光大，而不能自娱自乐。持有该观点的人数占总人数的 16.47%。

观点 5：在继承传统文化的基础上，创造新的文化。持有该观点的人数占总人数的 21.96%。

综上可见，讨论最热门的观点是观点 3，持有该观点的人数占总人数的 27.29%，他们认为文化需要海纳百川，不能故步自封；约 21.96%的网民持有观点 5，即认为在继承传统文化的基础上来不断地进行新文化的创新；约 19.22%的网民持有观点 1，即认为中国文化发展需要后起之秀的力量，需要加强创新人才的培养与队伍的建设；约 15.06%的网民持有观点 2，即认为历史原因导致社会文化发展滞步，一方面是由于历史成为了文化创新与发展的包袱，另一方面，历史上遗留了一些机制与体制问题，也使得文化创新受到了制约。此外，还存在着一些其他不同的观点，而这些观点的存在表明人们对这些问题的关注，下面对这些观点进行深入的分析与研究。

2. 观点分类

通过分析网民发表的评论内容，并统计分析相关观点和讨论所涉及的热点词汇和重要领域，通过针对文本的分词、去噪、清洗、过滤等操作，聚合出关于“文化发展”专题发展演化的 6 个关键特征词汇，分别是：文化、发展、发扬、传统、创新、后起之秀。

根据观点涉及的特征词汇和观点所涉及的领域以及网民发表的各个观点内容本身之间存在的相关性与差异性，将上述 5 个观点进一步聚类分析后，形成以下两个大类：

1）分类观点一：中国文化发展陷入僵局的原因

此分类观点包含了以下几个关键特征词：文化、发展，对应的观点包括：

观点 1：历史原因导致社会文化发展滞步。

观点 2：文化需要海纳百川，不能故步自封。

2）分类观点二：开放创新将是未来文化的发展趋势

此分类观点包含了以下几个关键特征词：发扬、传统、后起之秀、创新，对应的观点包括：

观点 3：中国文化发展需要后起之秀的力量。

观点 4：中华文化应该发扬发扬光大，而不能自娱自乐。

观点 5：在继承传统文化的基础上，创新新文化。

上述分类观点的用户分布比例如图 9-4 所示。

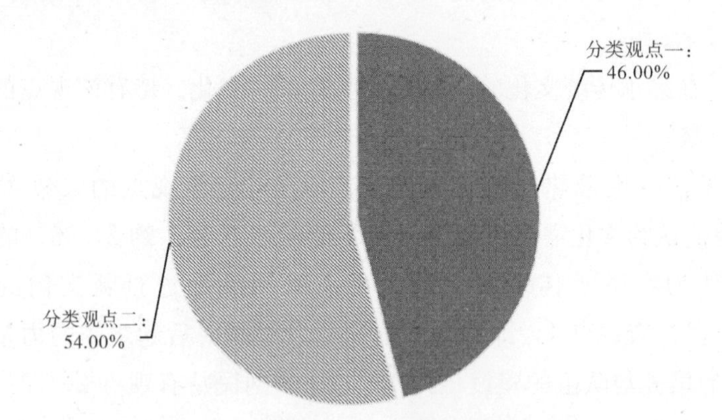

图 9-4　“文化发展”主题观点分类比例图

从图 9-4 可知，在参与“文化发展”讨论的网民中，约 54.00％的观点主要聚焦在中国文化未来的发展趋势和方向上，一些网民认为在继承传统文化的基础上进行文化创新，使文化不断保持新鲜感；另一些网民认为文化开放将是未来的趋势，中国应该海纳百川，取其精华、去其糟粕，对外要共享文化精髓，才能迅速发展。此外，还有一些网民认为，需要培养创新人才，才能使我国的文化产业的发展充满生机与活力。

其次，46.00％的网民关注的焦点在于：中国目前文化发展陷入僵局的原因。一方面主要是由于历史原因，除了一些历史包袱外，还有一些历史遗留的体制问题，导致中国文化发展相对滞后，因此迫切需要进行文化体制的改革，进行文化的创新；另一方面，由于故步自封，使文化的发展错失战略的发展机遇。因此要通过加大文化的开放交流力度，并实施中华文化的走出去战略。

3. 观点分类详细分析

为了更好地对相应的观点分类进行深入的分析，本节对每一个分类观点内的网络用户分布以及网络民意进行了二次分类处理，希望通过网络用户的真实反馈信息来反映他们对这一些问题的思考与建议。

1）分类观点一：中国文化发展陷入僵局的原因

在进一步的数据分析与研究中，对网民针对“中国文化发展陷入僵局的原因”主题内的深入观点进行梳理与分析，其中在本分类观点中还存在 2 个细分的子观点，用户所持有的这些细分子观点比例数据如图 9-5 所示。

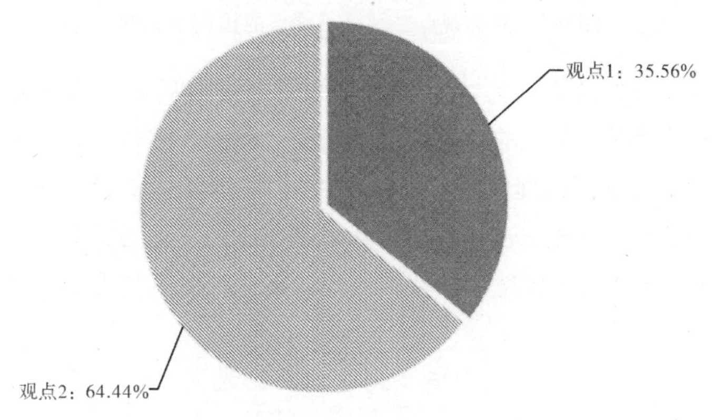

图 9-5　分类观点一细分子观点的比例示意图

观点 1：64.44%的网民认为文化需要海纳百川，不能故步自封。在我国文化的发展历程中，始终坚持并鼓励文化向多元化方向发展，促进文化之间的交流，避免闭门造车。因此，需要吸收各不同的文化之间的精华要素，通过交流与创新融合使文化的发展更具有活力。如网民“745023070”所说：

“因为中国文化兼容并包、内涵丰富、与宗教、哲学、科学是完全相容，所以中国文化可以吸收宗教、哲学、科学的多重优势，并引导世界文化丰富性、多样性发展。”

观点 2：35.56%的人认为：由于 20 世纪的历史原因，导致我国文化发展进程停滞不前，甚至有衰退的趋势。大部分人受当时的历史环境的影响，导致了文化断层，错过了文化发展的好时机。

2）分类观点二：开放创新将是未来文化的发展趋势

在本分类观点的进一步数据分析与研究中，发现该分类观点下还存在着 3 个主要的细分子观点，这些细分子观点所反映的内容如图 9-6 所示。

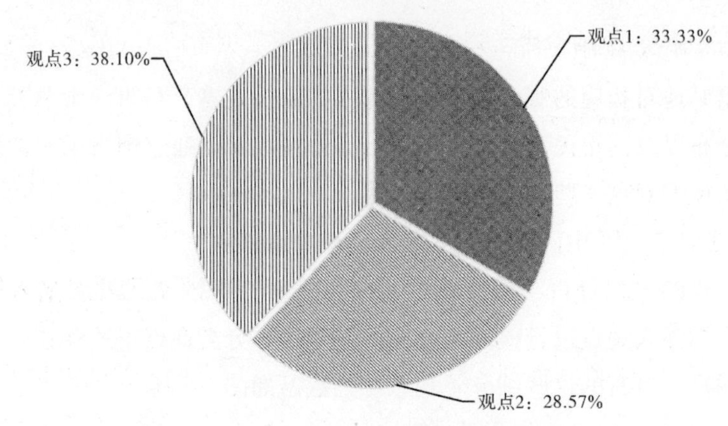

图 9-6 分类观点二细分子观点的比例示意图

观点 1：33.33%的人认为：中国文化的发展需要后起之秀的力量，创新型人才是文化发展过程中不竭的动力。正如网民“panpeter2011”所说：

“70 后和 80 后是回归理性的两代人，从 90 后和 00 后开始，则是受西方文化影响最大的年轻人，当这 90 后和 00 后开始主导社会文化的影响力时，法治、民主、自由这些观念将会主导整个社会风气。而这种社会风气也必然会对文化的创新带来新的动力。”

观点 2：28.57%的人认为中华文化应该发扬光大，应该共享文化成果。如网民“夏日睡莲 2009”所说：

“所以中国人不要太吝啬，应该自己弘扬起来，再去帮助其他民族，整个世界才会好。”

观点 3：38.10%的认为我国文化应该在继承传统优秀文化的基础上，创新新文化。中国五千年的传统文化是一笔珍贵的财富，不能将它丢掉，而应该更多地对文化进行一些创新，让我国的文化更具有魅力与吸引力。

4. 观点总结

深入推进文化体制改革，促进文化事业全面繁荣和文化产业快速发展，关系全面建设小康社会奋斗目标与中华民族伟大复兴的实现。而文化发展问题是我国文化体制改革与建设中的一个关键性问题，其发展的好坏直接决定我国文化产业发展的未来。改革开放以来，人们越来越多地关注文化的经济效益功能，更多地强调了文化管理、文化市场、文化事业与文化产业的发展问题，而文化自身的核心特征，如文化发展与文化动力机制等问题却研究较少。因此，通过本专题的抽样研究可以发现，越来越多的网民关注到社会发展过程中，文化发展的开放与创新趋势，同时，通过对当前文化发展过程中的一些阻碍因素的分析，即针对封闭意识与历史因素的改革，来实现文化发展的升级与创新。

9.3.3 专题传播趋势

在专题信息传播的全生命周期中，传播趋势出现的异常拐点以及网络传播过程中的影响力与流量，均反映出其在传播过程中的关键特征，下面将对这一些特征进行分析。

1. 影响力

利用 2013 年文化发展相关数据来分析和研究该专题内的热点事件随时间的演化过程。其中，网民“人本心”在 2013 年 11 月 6 日发表了名为“一个弘扬道德文化者的申诉状”的帖子，该帖一经发表就引起了网民的关注与积极地参与，当天的回复量接近 800 个帖子。通过分析可见，网民针对该事件的响应日流量数据可以从一个侧面清晰地看出这一专题的演化过程，如图 9-7 所示。

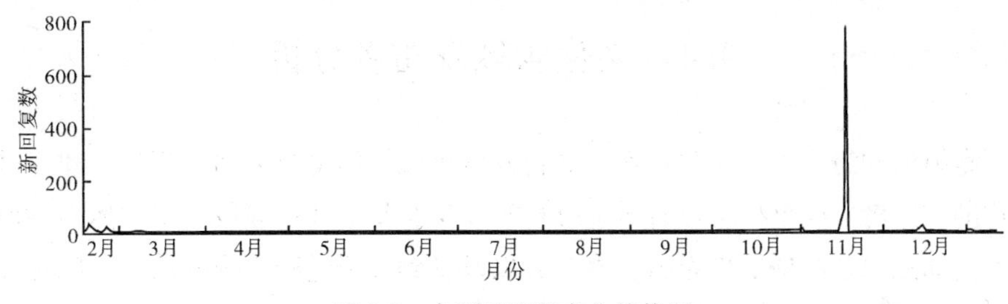

图 9-7　专题日流量变化趋势图

过滤掉一些重复无意义的回复内容后，针对文化发展问题的讨论中有意义的回复量已达约 1500 条信息，从 2 月开始受到关注后，增长趋势平稳增加，说明该专题受关注的程度也在不断地增加。该事件所包含的用户参与的总流量趋势如图 9-8 所示。

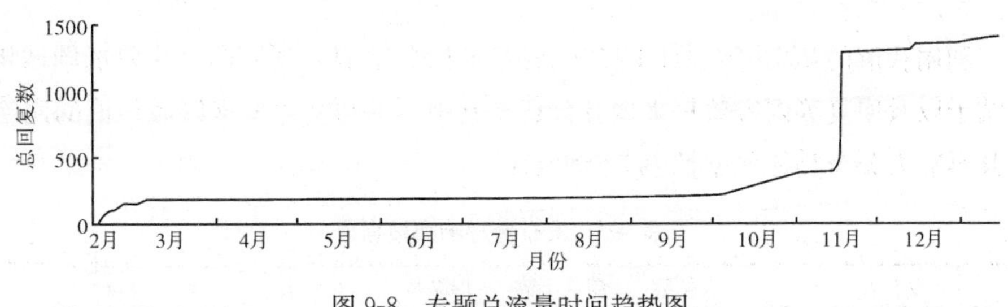

图 9-8　专题总流量时间趋势图

2. 传播情感分析

通过对该专题内所有的帖子以及回复留言的内容进行分词与情感语义的处理

之后，发现网民对“文化发展”问题的讨论一直是正向情感。可见，网民对文化未来的发展主要还是持有比较乐观的情绪。整个专题的情感变化（拐点）如图 9-9 所示。

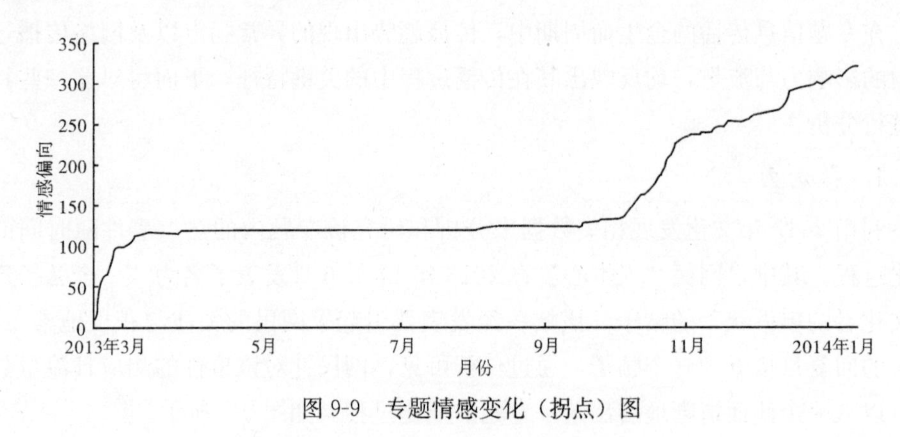

图 9-9　专题情感变化（拐点）图

9.4　文化领域发布者分析

在抓取网络中关于文化产业与文化发展领域的信息与数据过程中，建立基于用户的“轮廓”模型，可以有效地分析和度量在整个文化领域改革中所有专题下的舆情动态以及舆情的发布者、参与者以及受到传播过程影响的用户之间存在的相应联系。特别是通过对引起网络舆情发布者的关注度分析，可以有效地监测出网络舆情在传播与演化过程中具有影响力的意见领袖以及通过这些意见领袖对社会舆情的传播所产生的影响作用。本节采用发布者影响力和活跃度两个简化指标来作为度量发布者的指标。

9.4.1　发布者影响力分析

利用获取的 2013 年 1 月 1 日～2014 年 1 月 15 日，所有与文化发展领域相关的帖子以及回复等内容数据来展开分析。其中，参与文化发展领域讨论的网络用户其影响力分析具体数据如表 9-3 所示：

表 9-3　发布者影响力数据表

发布者	发帖数	浏览次数	回帖数	粉丝数	影响力
黄埔一投	4	35 764	369	24	0.997 075 442
白莲道人	4	33 412	1 596	3 625	0.997 075 442
某马甲	3	27 663	1 413	4 613	0.992 288 553

续表

发布者	发帖数	浏览次数	回帖数	粉丝数	影响力
李琳玉壶	3	3 017	583	28	0.992 288 553
马系田毕旺	2	410	27	176	0.980 617 605
zhxulin	2	4 844	821	24	0.980 617 605
田园生活 2013	1	223	37	131	0.956 270 125
素心阅读	1	2 687	241	37	0.956 270 125
gghujh678	1	2 258	59	186	0.956 270 125
米公益 Ricedonate	1	2 038	18	218	0.956 270 12

上表显示了在文化领域中用户影响力排在前 10 位的用户。其中，发布者“黄埔一投”和“白莲道人”影响力几乎趋近为于 1，可将其看作“意见领袖”，其余 8 位的影响力均大于 0.95，这也说明这些用户在论坛中也具有较高的影响力指数，值得重点关注。

9.4.2　发布者活跃度分析

活跃度指标也是进行舆情传播分析的关键性指标，它可以通过发布者的发帖数以及发布者本人参与的其他相关帖子的回复数来度量，详细的计算参见 2.1.2 节。利用获取的 2013 年全年所有与文化相关的内容数据来展开分析，参与文化领域讨论的网络用户其活跃度分析的具体数据如表 9-4 所示。

其中，以活跃度最大的数据值进行归一化处理，即在文化发展问题领域发布者活跃度指标排在前 10 名的用户如上表所示，这表明这些用户在论坛中比较积极活跃，网络参与度较高，特别是“陕北黑脸汉子”参与了该领域中 1567 次的帖子回复，其活跃度在网络活跃度中排在首位。

表 9-4　发布者活跃度数据表

用　户	回帖数	发帖数	活跃度
陕北黑脸汉子	1 567	15	1
冷杉子是我	1 074	7	0.683 987 701
田崇善	1 072	9	0.683 571 97
魏连殳 2013	810	1	0.514 032 531
天门阵 2010	540	4	0.344 109 194
阿凡达 0001	531	7	0.339 681 198
浮出水面吐个泡泡	510	3	0.324 660 486
蛟河渔叟	477	2	0.303 309 518
暴风雨中漫步	423	4	0.269 921 614
成康之治	411	21	0.269 558 991

9.5 本章小结

文化是综合国力竞争的重要因素，是推动社会前进的强大动力。我国第一部文化产业专项规划《文化产业振兴规划》于2009年7月由国务院常务会议审议通过，标志着文化产业已上升为国家战略性产业。近年来，随着经济的快速发展，在通过构建公共文化服务体系来发展公益性文化事业，以及遵循市场规律来发展文化产业的同时，发展与繁荣文化自身的需求也越来越成为关注的焦点。恰如联合国教科文组织在《文化政策促进发展行动计划》中指出的“文化的繁荣是发展的最高目标”。

本章针对十八届三中全会前后网络论坛中关于文化发展与文化产业的信息内容进行了初步舆情分析，由于样本数量与特征的局限性，本章仅从文化发展这个问题进行分析。为了更好地保持文化活力与文化繁荣发展，通过网民的讨论，一方面需要廓清文化发展过程中存在的障碍；另一方面需要加强在继承基础上的开放与创新，以及强化未来创新人才的培养，这对文化发展而言具有举足轻重的作用。

第10章　社会舆情分析工作总结与展望

十一届三中全会提出改革开放政策以来，我国发生了翻天覆地的变化，人民生活水平显著提高，各方面建设快速发展，综合实力不断增强。但是，随着社会与经济的快速发展，也存在一些由于传统的管理机制和体制原因而产生的一些社会矛盾，如工资收入问题、环境污染问题等，这些问题也迫使我们进一步加快改革的步伐，通过不断地深化改革来加强我国的全面建设。因此，在党的十八大召开之后，十八届三中全会召开前后这一年的时间内，本书希望通过网络中对国家各领域建设中存在的问题来展开相关讨论，并利用网络中获取到的真实数据来分析当前存在的问题以及在网民参与讨论过程中对这一些问题的看法和期望。与此同时，一方面希望利用实际的问题，促进文本挖掘与网络情感分析领域的技术进步，也是研究与制定本书的一个基本的出发点；另一方面，希望分析后的结果可以供更多的领域人士一起来研究和探讨，特别是希望从另外一个角度——即网民的角度来看世界的变化，如果可以将这一些网民的理性分析与智慧以及民意信息收集起来，并能够应用于国家针对某一些政策制定的过程之中，从应用的角度来体现本书的社会价值。

综上，本书通过分析十八届三中全会之后天涯论坛上涵盖经济、政治、社会、文化、生态及军事等领域的6000多个帖子及其构成的热点专题，进行文本数据的过滤、特征抽取、建立指标与模型、进行算法的优化与处理等一系列过程，将政策对我国发展的影响以及网民的反馈做出如下简要总结。

10.1　社会舆情分析总结

在经济体制改革领域，通过对2013年1月～2014年1月内发布到天涯论坛中有关经济领域的1000多条帖子进行聚类分析，得到四个最热门的专题“房价问题”、“货币问题”、“经济发展问题与危机”以及“经济体制改革”，进一步通过对这些专题下网民帖子与回复的分析可以得出，控制房价上涨成为2013年度在此领域中网民最为关注的问题，控制房价上涨、预防房价泡沫成为政府当前必须关注的工作之一。其次，虚拟货币在2013年用户关注度的增长极为迅速，特别是比特币在全球的风靡使人们开始关注虚拟货币可能会带来的风险，以及可能对实体货币带来的冲击与影响。此外，由于全球经济的持续低迷，我国在经济发展过程中，如何对应关键的制约问题以及可能出现的危机；最后，针对经济体制改革中存在的一些问题进行分析，希望通过体制的改革从根本上优化与改进我国目前存在的一些体制与机制上限制经济发展的关键性问题。

在政治体制改革上，通过对 2013 年 1 月～2014 年 1 月内发布到天涯论坛中政治领域的 1000 多条帖子进行聚类分析，得到三个最热门的专题“养老金双轨制改革问题”、“建设法治中国问题”以及“反腐倡廉问题”，通过对这些专题下网民帖子、回复的分析可以得出，在进行政治体制和制度改革过程中，需要在维护宪法的法律权威，确保依法独立行使审判权、检察权，在完善司法保障制度的基础上，系统化与制度化来解决违法犯罪、贪污腐败等社会热点问题，同时，通过推进国家治理体系和治理能力的现代化，切实转变政府职能，把政府职能转向更好地维护社会的公平正义，创造更好的发展环境，提供更加优质的公共服务。

在民生领域的改革上，通过对民生领域的 1000 多条帖子进行聚类分析，得到三个最热门的专题“公务员薪资问题”、“转基因问题”以及“强制拆迁问题”，通过对这些专题下网民帖子、回复的分析可以得出，收入与分配是民生之本，社会保障是民生之盾，公务员薪资问题涉及了社会的分配体系的公平性；而食品安全已成为了民生关注的焦点，特别是近年来有关转基因引起的食品安全问题，通过网民的分析可以看到，由于公众对专业技术领域缺乏了解，科普以及食品安全的标准化问题已被提上正式议程。强制拆迁问题已在这几年中一直是网络中讨论的热点，因为它关系到百姓的切身利益，越来越多的网民开始呼吁用法律的手段来保护和解决这一类问题，这种呼声对于未来建设一个法治的国家，提供了一个强大的民生基础。可见，民生问题不但事关广大人民群众的根本利益，而且影响到整个国家改革发展的大局，其发展的目的真正体现到满足人民需要、实现人民利益、提高人民的生活质量与幸福指数上，这也是党中央工作的重中之重。

在生态保护领域的改革上，通过对生态领域回复数较多的 200 多条帖子进行聚类，得到最热门的专题是“雾霾问题”以及“废旧手机对环境的影响问题”，通过对该专题下网民帖子、回复的分析可以得出，建设美丽中国深化生态文明体制改革的过程，一方面要从污染的源头开始考虑，系统化地分析可能产生的原因与影响，从而科学地进行决策，如雾霾问题。此外，对环境保护过程，我们需要有一定的前瞻性，对于一些未来对环境产生较大影响的问题，如“废旧手机的回收”等需要提前进行制度政策与技术预研等协调发展的过程。通过加快建立生态文明制度，健全国土空间开发、资源节约利用、生态环境保护的体制机制，推动形成人与自然和谐发展的现代化建设新格局。

在军事体制改革领域上，通过对军事领域回复数较多的 200 多条帖子进行聚类分析，得到最热门的专题是“钓鱼岛事件触发的中日关系”，通过对该专题下网民帖子、回复的分析可以得出，中日之间的关系已由钓鱼岛事件而产生了较大的影响，一方面网民认为主要原因在于日本政府的不负责任的言论与做法极大地损害了两国政治合作的基础，同时，也对两国民众之间的情感产生了负作用。特别是有一些网民认为中日有可能会因为钓鱼岛事件发生战争，为了更好地保护好来之不易的和平与经济发展成果，也必须在军事上做好最坏条件下的准备，同时，积极改进外交策略与方法，促进两国之间以及中国与世界各国之间的和平。此外，经济与军事的协同发展为中国国防军事体制改革和军事力量的发展提供了强大的物质基础和社会基础。只有强大的经济储备，才能为军事发展提供强有力的保障。

在文化体制改革领域上，通过对文化领域回复数较多的 200 多条帖子进行聚类，得到最热门的专题是“文化发展问题”，通过对该专题下网民帖子、回复的分析可以得出，为了更好地保持文化活力与文化繁荣发展，一方面需要廓清文化发展过程中的存在的障碍；另一方面，需要不断加强在继承基础上的开放与创新，以及强化未来创新人才的培养，对于文化发展而言则具有举足轻重的作用。在此基础上，需要进一步完善文化管理体制，建立健全现代化文化市场体系，构建现代化公共文化体系。

10.2　工作展望

目前，基于大数据的分析已成为了网络舆情分析以及热点分析的核心技术，大数据技术是指运用搜索引擎、社交媒体、各类网络数据库，实时聚集数以 TB～PB 级存储量的文本和图像等数据资源，利用海量数据存储与索引、文本分析、特征抽取、数据聚类与分类、算法优化以及数据的可视化等技术为一体的综合性的应用技术。通过这样的一些技术，可以精确描绘现状并预测未来。大数据正在变革人们对政治、新闻、商业、健康、教育的传统认识。

西安交通大学软件学院社会智能与复杂数据处理实验室致力于利用一些不同数据来源的各类数据，包括：结构化数据、非结构化数据、图像和语音等媒体数据，在特定的应用场景中进行数据的分析、挖掘与深度学习。一方面力图将最有效的算法与技术应用于解决实际中出现的问题；另一方面，也希望未来可以利用新的创新技术手段来解决更多的问题。目前，正在建立统一的中文情感字库，领域词库，深入研究本体以及本体映射机制，数据流的实时聚类与演化分析以及数据的可视化技术等。同时，利用这些技术，开始尝试分析社会中以及领域内的一些特定的问题。

本书就是在这样一个背景和基础下提出并完成的，由于时间与技术等问题的影响，本书只是海量数据中选择了一个单一的数据源和有限的数据进行分析，尽管其中反映了一些有价值的结果，但是与目标还相差甚远。也希望在不远的将来，可以将多数据源以及更多的数据类型在复杂条件下进行实时的数据分析，使技术与应用紧密结合。另外，希望在未来的 10 年中，在同行专家的指导下，通过深入交流与合作，可以不断地升级分析数据的方法、理论与技术，从而形成一个更合理、更准确、更自动化的分析工具。并通过这一些工具可以为社会提供更多有意义的数据分析与知识服务，这也是下一步工作的重点。

参考文献

陈京明，韩永转. 2010. 基于虚拟社会网络挖掘的网络舆情分析. 中国制造业信息化，39（5）：65-67.

程倩. 2011. 网络舆情模型构建与网民分析. 郑州：郑州大学硕士学位论文.

戴媛. 2008. 我国网络舆情安全评估指标体系研究. 北京：北京化工大学硕士学位论文.

高洪杰. 2009. 互联网舆情监测分析系统实现. 上海：复旦大学硕士学位论文.

郭瑞涛. 2012. 中国网民主体特征分析. 长沙：湖南师范大学硕士学位论文.

黄雯，王旗. 2012. 大气颗粒物化学成分与健康效应的关系及其机制的研究进展. 卫生研究，41（2）：323-327.

黄晓斌，赵超. 2009. 文本挖掘在网络舆情信息分析中的应用. 情报科学，27（1）：94-99.

纪红，马小洁. 2007. 分析和引导. 华中科技大学学报，（6）：104-107.

蒋立峰. 2009. 未来十年的中日关系与中国对日政策. 日本学刊，（5）：3-17.

柯惠新，刘绩宏. 2011. 重大事件舆情监测指标体系与预警分析模型的再探讨现代传播，（12）：39-44.

李雯静，许鑫，陈正权. 2009. 网络舆情指标体系设计与分析. 情报科学，27（7）：986-991.

李稳国. 2008. BBS 信息传播网络的分析与研究. 桂林：广西师范大学硕士学位论文.

林敏. 2013. 网络舆情：影响因素及其作用机制研究. 杭州：浙江大学博士学位论文.

刘军. 2004. 社会网络分析导论. 北京：社会科学文献出版社.

刘毅. 2006. 网络舆情与政府治理范式的转变. 前沿，（10）：140-143.

罗家德. 2005. 社会网络分析讲义. 北京：社会科学文献出版社.

齐建国. 2013-02-02. 解决雾霾问题应从社会经济角度切入. 中国经济导报.

孙承咏，周景博. 2007. 制度创新与循环经济. 北京：经济日报出版社.

谈国新，方一. 2012. 突发公共事件网络舆情监测指标体系研究. 华中师范大学学报（人文社会科学版），49（3）：66-70.

王宏勇. 2011. 网络舆情热点发现与分析研究. 成都：西南交通大学硕士学位论文.

王来华. 2003. 舆情研究概论. 天津：天津社会科学院出版社.

王青，成颖，巢乃鹏. 2011. 网络舆情监测及预警指标体系研究综述. 情报科学，29（7），54-58.

熊熙，胡用. 2012. 基于社交网络的观点传播动力学研究. 物理学报，61（15）：150509-1-150509-6.

徐晓日. 2007. 网络舆情事件的应急处理研究. 华北电力大学学报（社会科学版），(1)：89-93.

余红. 2008. 网络舆论领袖测量方法初探. 新闻大学，(2)：140-144.

约翰·斯科特. 2007. 社会网络分析法. 刘军译. 重庆：重庆大学出版社.

张彦超，刘云，张海峰，等. 2011. 基于在线社交网络的信息传播模型. 物理学报，60 (5)：050501-1-050501-5.

张一文，齐佳音，方滨兴，等. 2010. 非常规突发事件网络舆情热度评价指标体系构建. 情报杂志，29 (11)：71-75.

张瑜. 2012. 基于评论性网站用户数据挖掘的研究. 北京：北京邮电大学硕士学位论文.

张玉峰，王志芳. 2010. 基于内容相似性的论坛用户社会网络挖掘. 情报杂志，29 (8)：125-130.

中国互联网络信息中心. 2014 年 1 月 16 日. 第 33 次中国互联网络发展状况统计报告. http://www.cnnic.net.cn/hlwfzyj/hlwxzbg/hlwtjbg/201403/t20140305_46240.htm.

周如俊，王天琪. 2005. 网络舆情：现代思想政治教育的新领域. 思想教育理论，(11)：12-15.

Zuckernam L，Maron Y. 2004. Filtering speaker-specific words from electronic discussion. Proceeding of the 20th International Conference on Computational Linguistics.

后　记

从开始策划到完成整个数据分析，再到形成完整的书，经历了6个月的时间。这一段时间里，从目标的选择、数据的获取与清洗、软件工具的开发以及数据与报告内容的反复修改，我们从“笑看冬雪”到了“喜迎春花”。一步步的辛苦努力，才有了本书的面世。

作为计算机与软件工程领域的工作人员，我们一直探索如何结合国家的战略需求，寻找一个合理的重大问题，然后再围绕这一个问题开展深入的研究工作。我曾经有幸参与了多个企业大型信息化的建设项目，深刻地认识到，软件是为了更好地应用于服务的。如果有了企业战略级的需求，就可以为企业提供战略级的软件应用服务。而文本挖掘作为一种数据挖掘的新分支，无论是从研究上还是在应用中，目前均存在着许多新的技术挑战与应用机会。如何看待并利用好这一重要的数据分析技术，是我一直思考的问题。2012年年底一个偶然的机会，我们这个当时刚刚成立的实验室接到了领导安排的一项任务，完成一份反映网络民生的舆情分析报告。通过大量的分析、调研、讨论，终于在规定时间内完成了初步的研究工作。在此基础上，我希望我们可以针对这一个特定的文本语料库，利用专业的软件工具以及数据挖掘的核心算法，建立起一套完整的数据分析指标体系，来长期研究在特定语境条件下的中文分析与文本挖掘的算法。在此初衷下，才有了本书的结果。

由于舆情领域一直是国家或企业关注的一个重要领域，它的特殊性与敏感性并存，我们也希望尽最大的可能利用我们所具有的数据分析能力对这些数据展开客观性的分析。但是，由于技术储备与分析能力的限制，大量的短文本在挖掘过程中，存在观点挖掘算法的不确定性，导致本研究不得不采用机器与人工相结合的方式来展开进一步的工作，这也是本书迫切需要深入研究与不断改进的技术问题。同时，由于自然语言，特别是在社区中的文本交流过程中存在的特殊的语言环境特征，对数据的清洗与过滤均提出了新的要求，尤其是对一些“水”帖以及一些“垃圾”帖的过滤，这些因素对于我们的分析又提出了新的挑战。因此，我们首次并没有针对海量的数据进行分析，而是针对特定网站中所存在的一些内容进行筛选、过滤、分析，试图找出一些合理的方式与算法来解决上述问题。在一系列的参考文献中，隐隐约约地发现了一些优化的线索与脉络，我们也希望在随后的分析报告中逐一优化和改进。

在本书准备提交的过程中，与科学出版社西安分社的甄文全一经沟通，他就对我们提出了许多重要的改进建议与要求。正是他的严谨与负责任的态度，使我们一见如故。他不仅为本书敲定了最终的书名，也在与我们热烈的讨论中“迫使”我们删掉了一些有趣的议题，让我们更加严谨地来审视从天涯论坛中获取的网络数据。正是这样积极的工作氛围，使团队中的每一个人一方面感受到很大的压力，另一方面也体会到不断进步所带来的成功喜悦。在大家的共同努力之下，我们克服了许多困难，也更加明确了下一步的工作目标。

特别需要说明的是，由于数据样本所具有的代表性以及局限性，我们一方面将相关章节中的数据全部进行了再次梳理，并将这些原始的数据与本书在网络上同时发布。如果有朋友引用本书的数据时，要将书中上下文之间的关系进行说明，或者从原始的数据中进行相应的分析。通过相互比对，一方面验证算法的有效性，另一方面也可以相互进行实验佐证，利用尽可能合理与科学的方式来面对现实的数据。对于断章取义的人而言，数据的真实价值会受到实际情况的影响，甚至可能会变成传播谣言的利器。我们在此特别声明，本书的分析基于实际的网络数据，主要的目标是利用技术手段客观地反映社会现象，最终实现让社会也可以“透明化地计算”，这也是西安交通大学社会智能与复杂数据处理实验室的核心使命之一。

有人说：团队的好坏不在于人数的多寡，而在于核心目标的一致。我无法奢望让自己与每一位团队成员的期望都能达成完美的一致，但是，我的心应该与每一位青年学生一样充满了渴望，渴望有更好的生活，渴望有幸福的家庭……当哼着“时间都去哪儿了”的时候，“早生华发”的我更渴望让每一个团队的成员过好每一个有意义的人生阶段。王国维将“昨夜西风凋碧树。独上高楼，望尽天涯路”的孤独寂寥，“衣带渐宽终不悔，为伊消得人憔悴”的执著投入，“众里寻他千百度，蓦然回首，那人却在灯火阑珊处”的顿悟开心描述成了治学之道与人生境界。在我们这里只需要简单地看到深夜中实验室的“灯火阑珊处”的“那一群人”，一切便在不言之中。感谢这一群有朝气、有想法、勇于付出的青年才俊，也正是他们的快速成长，才不断地促使我竭尽全力地努力。

感谢的实在太多，无论是国家基金项目还是身边众多的老师与朋友，每一次鼓励与支持，每一次批评与指责，都是我们努力与前进的动力。其中特别感谢我的同学与好朋友张澄宇博士给我们实验室送来“君子不器”的一幅字。这幅字悬挂在我们的实验室内，成为实验室所有成员共同的精神财富。我也希望以此明志，希望自己以及自己的学生均可以成为“不器”的君子。

年壮未老，千里行，今日启。

作 者
于西安交通大学软件学院
社会智能与复杂数据处理开放实验室
西安交通大学曲江校区
2014 年 3 月 25 日